# 東急電鉄
# 車輌と技術の系譜

## 荻原 俊夫

左から5200系・6000系・7000系・7200系・8000系・8500系が並ぶ　鷺沼検車区　1978年12月2日

JN218553

# ［ 目 次 ］

**3** 序章 **東京急行電鉄の概要**

**10** カラー写真で見る東急電鉄の車輌たち

**17** 第1章 **モハ510形を中心にした戦前から戦後の車輌**

**53** 東急電鉄にゆかりのあるエキスパートインタビュー
1人目・関田克孝さん 「**大東急**」から独立後の東急の電車

**58** 第2章 **高性能車の黎明期**

**74** 第3章 **オールステンレスカー時代**

**100** 東急電鉄にゆかりのあるエキスパートインタビュー
2人目・内田博行さん **ステンレス車における車輌製造の現場**

**105** 東急電鉄にゆかりのあるエキスパートインタビュー
3人目・佐藤公一さん **相互直通運転に向けた協議の実情**

**110** 第4章 **インバータ制御第一世代**

**119** 第5章 **インバータ制御第二世代**

**130** 第6章 **軌道線の車輌**

**145** 第7章 **電気機関車／電動貨車／動力車／検測車**

**154** 東京急行電鉄の車輌の変遷

**156** 東急電鉄にゆかりのあるエキスパートインタビュー 特別編
著者・荻原俊夫に聞く**東急電鉄の車輌譲渡事情**

**161** カラー写真で見る譲渡車輌の風景

**171** カラー写真で見る軌道線車輌・電動貨車
・動力車・検測車の風景

**174** あとがき

# 序章　東京急行電鉄の概要

## 開業から現在に至る略歴

　東京急行電鉄の歴史は、1922（大正11）年9月2日の「目黒蒲田電鉄」の設立に始まり、1923（大正12）年3月11日に目黒～丸子（現・沼部）間を開業し、同年11月1日に蒲田まで全通させた。1927（昭和2）年7月6日には大井町線の大井町～大岡山間、1929（昭和4）年11月1日に自由ヶ丘（現・自由が丘）～二子玉川間を、同年12月25日に大岡山～自由ヶ丘間が開業し全通している。1934（昭和9）年10月1日には池上電気鉄道を合併した。

　一方、1910（明治43）年6月22日に設立された「武蔵電気鉄道」が1924（大正13）年10月25日に商号を「東京横浜電鉄」に変更し、1926（大正15）年2月14日に神奈川線丸子多摩川（現・多摩川）～神奈川間を開業し目黒蒲田電鉄と相互直通運転を開始、1927（昭和2）年8月28日に渋谷～丸子多摩川間を開通させ神奈川線と合わせて東横線と呼称、1928（昭和3）年5月18日に神奈川～高島（のちの高島町）間を開業、1932（昭和7）年3月31日に高島町～桜木町間が完成して全通させた。また、1938（昭和13）年4月1日には東京横浜電鉄が玉川電気鉄道を合併した。

　1939（昭和14）年10月1日に「目黒蒲田電鉄」は「東京横浜電鉄」と合併し、10月16日に商号を「東京横浜電鉄」に変更、さらに1942（昭和17）年5月1日には陸上交通事業調整法に基づき、「京浜電気鉄道（現・京浜急行電鉄）」と「小田急電鉄」を合併し、現在の商号「東京急行電鉄」に改称した。

　1943（昭和18）年7月1日に玉川線二子読売園（現・二子玉川）～溝ノ口（現・溝の口）間を改軌して大井町線列車が直通するように

目蒲線開業当時のデハ1形／提供＝東急電鉄

変更した。1944(昭和19)年5月31日には「京王電気軌道(現・京王電鉄)」と合併している。また1945(昭和20)年6月1日から1947(昭和22)年5月31日まで相模鉄道の営業委託を受けていたので、車輌の融通も行われた。軌道線では天現寺線(渋谷〜天現寺)と中目黒線(渋谷橋〜中目黒)を1923(昭和23)年3月10日東京都に譲渡した。戦後は会社再編成を行い、1948(昭和23)年6月1日に京王帝都電鉄(現・京王電鉄)、京浜急行電鉄、小田急電鉄を分離した。

1964(昭和39)年8月29日には東横線と営団地下鉄(現・東京メトロ)日比谷線の相互直通運転が開始された。1966(昭和41)年4月1日には田園都市線溝の口〜長津田間が、1967(昭和42)年4月28日にこどもの国線長津田〜こどもの国間が開通した。田園都市線はその後延長され、1968(昭和43)年4月1日につくし野、1972(昭和47)年4月1日にすずかけ台、1976(昭和51)年10月15日につきみ野、1984(昭和59)年4月9日に中央林間まで全通した。玉川線渋谷〜二子玉川園間と砧線二子玉川園〜砧本村間は1969(昭和44)年5月10日に廃止され、1977(昭和52)年4月7日に新玉川線渋谷〜二子玉川園(現・二子玉川)間が開通、1978(昭和53)年8月1日には営団半蔵門線と相互直通運転を開始した。

1979(昭和54)年8月12日には田園都市線〜新玉川線(現・田園都市線)〜営団半蔵門線と直通運転を開始、大井町線は大井町〜二子玉川園間の運転になった。

2000(平成12)年8月6日には目蒲線の運転系統を目黒〜武蔵小杉間の目黒線と多摩川〜蒲田間の東急多摩川線に変更、同年9月

開業当時の玉川線渋谷駅／提供＝東急電鉄

26日から営団南北線、都営三田線と相互直通運転を開始した。2004（平成16）年1月30日、東横線横浜〜桜木町間の営業を終了、2月1日より横浜高速鉄道みなとみらい線が開業し、直通運転を開始した。2008（平成20）年6月22日から目黒線は日吉まで、2009（平成21）年7月11日から大井町線は溝の口まで延伸した。2013（平成25）年3月15日をもって東横線と日比谷線の直通運転を休止、翌3月16日から東横線は東京メトロ副都心線と相互直通運転を開始している。

2019（平成31）年4月25日には鉄道事業の分社化に向けた分割準備会社を設立、2019（令和元）年9月2日に商号とロゴマークを変更し、「東急株式会社」と鉄道事業会社「東急電鉄株式会社」になり、10月1日に鉄道事業の分社が予定されている。

## 東急の車輌の特徴と系譜

東急はステンレスカーのような最新技術をいち早く取り入れ、乗客に配慮し、乗務員が扱いやすく、安全で、省エネルギー、保守が容易な車輌を投入してきた。客室は極力広くし、窓を大きく、天井は高く、座席も工夫した。そして応答性の速い電気指令ブレーキ、運転士が操作しやすいT形ワンハンドルマスコンへの統一、ATCなどの保安装置で安全にも配慮し、電力回生ブレーキ、軽量オールステンレスカー、静止形インバータ、インバータ制御、ボルスタレス台車などを早くから導入して保守性を向上させると共に省エネルギー化を図っている。このように東急で最初に取り入れた技術がのちに各社で採用され、デファクトスタンダードとなったものが多いのが特徴である。

開業時の1923（大正12）年には阪神急行電鉄（現・阪急電鉄）の車輌などと似通ったメーカー標準設計ともいえる汽車製造製デハ1形木製小型車を準備した。電機品は東洋電機製造（以下、東洋電機）製であった。増大する輸送需要に追い付かず車輌不足を補うため、翌1924（大正13）年から鉄道省木製車の払い下げを受けた。

1925（大正14）年には早くも半鋼製車輌デハ100形（のちのデハ3100形）を藤永田造船所で製作した。1927（昭和2）年からは川崎造船所（のちの川崎車輌、現・川崎重工業）のメーカー標準設計ともいえる車輌デハ200形（のちのデハ3150形）、デハ300形（の

併用軌道の二子橋を渡るデハ3200形3210＋デハ3150形3156　二子新地前〜二子玉川園　1956年7月22日／撮影＝荻原二郎

ちのデハ3200形）、クハ1形を新製している。この時点まで側窓は一段下降式であった。

1928（昭和3）年には関東標準の窓配置ともいえる扉間側窓4個、二段上昇窓のデハ500形（のちのデハ3400形）を川崎車輌で新製した。1931（昭和6）年から新たにモハ510形（のちのデハ3450形）を竣功させた。この車輌はユーザーとメーカーが共同で開発・設計したもので、窓を大きくして明るくし、運転電力量が少なく、保守しやすく、運転操作性にも優れ、また機器は将来を見据えた設計のもので、当時としては大量の50両を1936（昭和11）年までに製造した。車体、台車のメーカーは日本車輌と川崎車輌の2社で、細部の設計は異なる。電機品はこの形式から日立製が採用された。

1936（昭和11）年からは池上電気鉄道引継ぎ車を含む鉄道省からの木製車輌の鋼体化を行い、モハ150形（のちのデハ3300形）、サハ1形（のちのサハ3350形）として安全性を向上させた。同年には変電所の増強なしに増発する目的でキハ1形ガソリンカーが登場した。

1939（昭和14）年にはモハ510形を発展させたモハ1000形（のちのデハ3500形）を川崎車輌で製造して22両投入した。この車輌は横浜から京浜線に乗り入れる構想があったので、標準軌間に改軌できるよう長軸台車を採用したが活用することはなかった。主制御器には国産の電動カム軸式を開発して採用している。また側窓を高さ方向に拡大し、車内を明朗化した。同年、軌道線では木製車の鋼体化により近代的で大きな二段上昇窓の71～75号（のちのデハ60形）を製作した。また1942（昭和17）年からデハ70形を新製した。

1942（昭和17）年にはデハ3500形を片運転台にしたクハ3650形を川崎車輌で増備した。連結面が切妻で貫通口が広幅であったが、連結相手はなかった。なお、1946（昭和21）年には同型のデハ3550形が製造されたが、戦災で車輌不足となった井の頭線にデハ1700形として配属された。

この他、戦中・戦後の新製車は、東急になる前に発注された小田原線デハ1600形、京浜線デハ5300形、クハ5350形で、クハ5350形は井の頭線デハ1710形になった。小田原線には国鉄63形電車がデハ1800形、クハ1850形として入線した。1800形導入の代わりに地方私鉄に車輌供出が求められ、池上電鉄引継ぎのデハ3250形などを供出した。その他の新造は認められず、改造名義でデハ5400形10両とクハ3660形2両を竣功させた他、戦災車などを制御車として復旧した。また国鉄から戦災車などを譲り受け、1948（昭和23）年から1952（昭和27）年までに復旧改造して投入したデハ3600形、クハ3670形、クハ3770形としているが、損傷が激しく車体を復旧できない場合は車体を新製している。また運輸省規格型車輌であれば新製もできるようになり、1948（昭和23）年にデハ3700形、クハ3750形を川崎車輌で製造した。規格設計のため車輌長は17mと長くなり、その後の標準になったが、側窓高さは低くなり、電機品は東洋電機製で主制御器は空気式に戻った。

1952（昭和27）年からは制御車を増備することになり、クハ3850形を新製した。川崎車輌の他、東急横浜製作所（のちの東急車輌製造、現・総合車両製作所）でも新製したが、台車はそれぞれ独自の設計である。1953（昭和28）年には社名を改めた東急車輌

製造（以下、東急車輛）でデハ3800形を新製した。この後は原則として車輛新製は台車を含めて東急車輛となった。

軌道線では1950（昭和25）年に近代的外観のデハ80形を日立製作所と東急横浜製作所で新製、同年と1952（昭和27）年、1953（昭和28）年に木製車に同型の車体を川崎車輛と東急横浜製作所で新製して鋼体化した。

1954（昭和29）年には、張殻構造の超軽量車5000系を東急車輛で開発して投入した。直角カルダン駆動、国鉄CS-12形制御器の原型となった東京芝浦電気（現・東芝）製発電ブレーキ付主制御器、鋼鈑製の溶接台車とその後の車輛への影響は大きい。1955（昭和30）年には軌道線に超低床連接車デハ200形をデビューさせた。電機品は三菱電機製であった。現在のLRVの先駆者ともいえるが、保守性などに難があり、早くに引退したのは残念である。1958（昭和33）年には日本初のステンレスカー5200系を導入、これ以降はステンレスカーの時代を迎える。

1960（昭和35）年には1モーター2軸駆動、ドラムブレーキ、電力回生ブレーキ、両開き扉、2両ユニット制御、空気ばね台車、電磁直通ブレーキ（HSC-R）、全電動車方式と新技術を導入した6000系を新製した。電機メーカーは東洋電機と東芝2社で制御装置、主電動機、電動発電機もそれぞれ独自、駆動方式も平行カルダンと直角カルダンであった。

1962（昭和37）年には東急車輛がアメリカのバッド社のライセンスにより日本初のオールステンレスカー7000系を製造した。台車は軸ばねがなく台枠が分割できるパイオニアⅢ形、平行カルダン駆動、1C8M制御で制御装置は6000系東洋車とほぼ同じも

ので電力回生ブレーキ付、のちに日立製も加わったがシステムは異なっていた。

1964（昭和39）年には軌道線に新車デハ150形を新製したが、システムは旧型車に準じたものになり、平軸受、吊り掛け式モーター、HL制御となった。

1967（昭和42）年にはオールステンレスカーでは初めての国産技術による一段下降式窓にした7200系を導入、コストダウンのため制御車も復活し、1C4M制御とした。主制御器、主電動機などのメーカーは、当初より日立製と東洋電機製があったが、電動発電機は東芝製になった。

1969（昭和44）年には、界磁チョッパ制御、T字形ワンハンドルマスコン、電気指令ブレーキ、静止形インバータを採用した20m・4扉車の8000系を開発、その後の標準車輛となった。正面は切妻構造として、製作を容易にすると共に客室面積を最大限に大きくするようにした。保守を容易にするため、電機メーカーは装置別に分けることにし、主制御器は日立、主電動機は日立・東洋電機・東芝の共同設計、補助電源装置は東芝、駆動装置は東洋電機とした。界磁チョッパ制御はこの後インバータ制御が普及するまで多くの民鉄で採用された。T字形ワンハンドルマスコンは首都圏を中心に普及し、地下鉄との相互直通運転区間ではJR線と直通する線区以外では標準となった。1975（昭和50）年にはその改良型8500系、1978（昭和53）年には軽量ステンレスカー試作車デハ8400形を、1980（昭和55）年には軽量ステンレスカー量産車の8090系を登場させた。この軽量ステンレスカーは東急車輛独自の技術で開発し、在来のステンレスカーより2トン程度軽くしたもので、のちにその技術

序章 東京急行電鉄の概要　7

を他の車両メーカーにも公開した結果、JRを含む各社に普及した。8000系（8500系、8090系を含む）は20年以上も製造され総計677両となり、最終的には東横線で8両編成、田園都市線で10両編成、大井町線で5両編成として運用された。8000系は、途中から冷房装置が取り付けられ、電源装置は当初電動発電機であったが、大容量の静止形インバータを開発して、無接点化を図った。

1984（昭和59）年から新技術を導入すべく、廃車になる6000系で東急車輛の新型ボルスタレス台車と、日立・東洋電機・東芝の3社のGTOサイリスタ使用インバータ制御の主制御器、誘導電動機を取り付け、最終的にはその3ユニット6両編成で実際に営業運転して確認した。その実績を踏まえて、1986（昭和61）年から日立製インバータ制御器、ボルスタレス台車の9000系を導入した。編成は4M4Tとして界磁チョッパ制御車より電動車数を少なくした。また7200系を改造した東洋電機製インバータ制御器の7600系も同時にデビューさせ、初めての試みとしてインバータ制御で1C8M方式とした。7000系の一部は1987（昭和62）年から冷房化することになり、同時に電機品を東洋電機製のインバータ制御に更新し、冷房化により重量が重くなったので台車も新製して7700系とした。

1988（昭和63）年には東横線〜日比谷線直通用1000系を、9000系の技術に7600系の1C8M制御を取り入れて6M2T編成で新製した。1992（平成4）年には、やはり1C8M制御で主電動機容量を大きくした日立製電機品の2000系を6M4T編成でデビューさせた。

1999（平成11）年には、目黒線用として3000系を投入した。先頭部は切妻ではな

く曲線を取り入れたデザインとしている。技術的には軸ばり式ボルスタレス台車、3レベル方式のIGBTサイリスタ使用のインバータ制御と実績のある方式を採用した。MT比は1：1で主要電機品は編成ごとに異なり、奇数編成は日立製、偶数編成は東芝製となった。

軌道線は旧型車で運行していたが台車の老朽化のため、デハ70形、デハ80形の台車と主電動機を1994（平成6）年から更新した。1999（平成11）年から2001（平成13）年にかけ、三菱電機製インバータ制御の連接ステンレス車デハ300形を新製、全車を置き換えた。この際に更新したデハ70形、80形の

左からデハ3450形・5000系・5200系・6000系・7000系・7200系・8000系・8500系・8090系が並ぶ　長津田検車区　1982年2月14日

台車を利用している。

　2002(平成14)年には田園都市線用に新5000系を投入した。台車、主電動機などは3000系と同一で、制御装置は2レベル方式のインバータ制御とした。車体にはJR東日本のE231系の設計を使用し、コストダウンを図ったのが特徴である。東横線用5050系、目黒線用5080系、大井町線急行用6000系、車体は18mで異なるが技術的にはほぼ同一の池上線・多摩川線用7000系と、仲間を増やしている。主要な電機品は日立製と東芝製で系列によって異なる。東急車輌は2012(平成24)年に東急グループからJR東日本グループの総合車両製作所になったが、引き続き東急向け車輌を生産しており、2013(平成25)年登場のサハ5576号車は総合車両製作所の次世代ステンレスカー「sustina」1号車で、レーザ溶接を使用し骨組の軽量化を図ったものになっている。

　2018(平成30)年春には総合車両製作所製の次世代ステンレス車両「sustina S24シリーズ」の田園都市線用2020系車輌、大井町線用6020系が営業開始している。2019(令和元)年には目黒線用3020系も登場した。これらはレーザ溶接の平滑な車体で、JR東日本のE235系と基本設計や主要機器を共通化しており、主制御器は三菱電機製となった。

序章 東京急行電鉄の概要　9

## カラー写真で見る
# 東急電鉄の車輌たち

5200系デハ5202〜　代官山〜渋谷　1958年12月16日／撮影＝荻原二郎

6000系デハ6006〜　都立大学　1980年2月3日

5000系デハ5004〜　新丸子　1954年12月26日／撮影＝荻原二郎

デハ3450形3487　二子玉川園〜二子新地前　1954年9月23日／撮影＝荻原二郎

カラー写真で見る東急電鉄の車輌たち　11

デハ3700形3703～　大岡山
1967年4月6日／撮影＝荻原二郎

クハ3770形3772～　鷺沼検車区　1976年4月4日

クハ3850形3853～　すずかけ台　1972年4月1日

デハ3450形3471～　沼部～鵜の木　1988年2月13日

デハ3450形3472～　蒲田　1989年2月5日

デハ3500形3506〜　多摩川園　1980年2月3日

クハ3670形3672〜　多摩川園　1980年2月3日

7000系デハ7056〜　多摩川園　1980年2月3日

7700系クハ7901〜　大岡山〜奥沢　1989年4月2日

7200系デハ7201〜 田奈 1978年8月26日／撮影＝荻原二郎

7200系デハ7200＋クハ7500 こどもの国 1984年3月18日

7600系デハ7601〜 長津田検車区 1986年4月16日

8000系クハ8048〜
二子新地　1979
年4月14日／撮影＝
荻原二郎

8500系デハ8627〜（渋谷〜長
津田　直通快速運転記念列車）
鷺沼検車区　1977年11月16日

9000系9001F（試運
転）市が尾　1986年
3月2日

## デハ1形

　目黒蒲田電鉄開業時に投入した小型木製車である。阪神急行電鉄に相談して同じような車輛を導入したといわれ、阪急37形に似ている。まず、1922(大正11)年12月に汽車会社でデハ1号から5号まで5両新造した。定員は64人で、うち座席32人で車体長はわずか10.53m、車体幅は2.34mと狭く、ドア部にはステップが設けられた。翌1923(大正12)年7月に6号から10号まで5両増備したが、車体幅を2.54mに拡幅している。

　台車はブリル76E形で軸距は1470㎜、定格48kWの主電動機2台で、ブレーキはSM3形であった。連結器はバッファーに螺旋式、集電装置はポールだったが、のちに自動連結器、パンタグラフ化、主制御器総括式化、ブレーキのSME型化改造を実施し、連結運

デハ6～10号はデハ1～5号に比べて車体幅が拡幅した　モハ1形6　二子玉川　1932年3月31日/撮影=荻原二郎

**デハ1形（自動連結器、パンタグラフ化後）と阪神急行37形の車体・台車の比較**

| 項目 | | 目黒蒲田 | | 阪神急行 |
|---|---|---|---|---|
| | | デハ1-5 | デハ6-10 | 37-39 |
| 定員 (人) | | 64 | | 65 |
| 内座席 (人) | | 32 | | 30 |
| 最大寸法 (mm) | (長) | 11370 | | 11481 |
| | (幅) | 2540 | 2600 | 2394 (ステップ部2692) |
| | (高) | 4140 | | 4055 |
| 車体長 (mm) | | 10530 | | 10515 |
| 床面高さ (mm) | | 1040 | | 1090 |
| 屋根高さ (歩み板含まず) (mm) | | 3580 | | 3565 |
| 台車中心距離 (mm) | | 6400 | | 6401 |
| 自重 (t) | | 16.31 | | 13.61 |
| 客室扉幅 (mm) | | 1010 | | 813 |
| 側窓数 (片側) | | 10 | | 10 |
| トラックの種類 | | ブリル76-E | | ブリル76-E |
| 軸距 (mm) | | 1470 | | 1219 |
| 車輪径 (mm) | | 860 | | 838 |
| 製造所 | | 汽車製造 | | 梅鉢 |
| 製造年 | | 1922 (大11) | 1923 (大12) | 1921 (大10) |

パンタグラフ化後のポール1本が残る姿　モハ1形9　二子玉川　1931年7月19日／撮影＝荻原二郎

転も行うようになった。のちに「デハ」は「モハ」に改称されている。

　その後この車輌では輸送力が不足し、後述の大型車輌と交代し、大井町線などで使用後、神中鉄道（現・相模鉄道）に譲渡され、のちに静岡鉄道、上田丸子電鉄（現・上田電鉄）、山陰中央（のちの日の丸自動車）に移った。

## デハ20形
## デハ30形
## デハ40形

　デハ1形は小型で開業後の輸送需要に対応できないため、1924（大正13）年から鉄道省の全長16m弱の3ドア木製車の譲渡を受け、デハ20形4両、デハ30形8両、デハ40形10両としたが、うち6両は阪神急行電鉄（現・阪急電鉄）に譲渡した。当時、鉄道省は昇圧で600V電機品の車輌は改造が大変なことから、このように払い下げたのではないかと思われる。

　デハ30形は1927（昭和2）年と1929（昭和4）年に駿豆鉄道（現・伊豆箱根鉄道）に7両、1929（昭和4）年に芝浦製作所に1両譲渡された。デハ40形はモハ20形に改番され、のちにモハ150形に改造された1両を除き、1927（昭和2）年に福武鉄道に2両、1930（昭和5）年に芝浦製作所に1両譲渡された。この中のデハ41号は1930（昭和5）年に芝浦製作所に譲渡され、その後は鶴見臨港鉄道に移り、同社が国に買収され鉄道省所属となった。最後は日立電鉄で余生を送った後、国鉄に戻った。同車は2017（平成29）年に重要文化財に指定され、大宮の鉄道博物館に展示されているナデ6141号である。

　また池上電鉄が譲渡を受けた車輌もあった。モハ20形5両（うち1両は元・デハ40形）は鋼体化されてモハ150形（のちのデハ3300形）となり戦後まで使用した。

デハ20形はモハ150形→デハ3300形となり、その後は福島交通と京福電気鉄道に譲渡された　デハ20形23　二子玉川　1937年3月10日／撮影＝荻原二郎

# デハ100形
（デハ3100形）

1925（大正14）年、東京横浜電鉄開業用に藤永田造船所で半鋼製車輛デハ100形5両を新製したが、すぐ目蒲に移っている。なお、融通の場合、監督官庁の認可を得て行った。なお、鉄道省で最初の半鋼製車輛モハ30形は1926（大正15）年の登場である。

全長16mの3ドア車で、車体幅2540㎜、定員110人（うち座席44人）、当初の集電装置はポールとパンタグラフの双方を備えていた。主電動機は東洋電機製48kW4台、主制御器は日立製空気操作式PR-150形、ブレーキはウェスチングハウス製SME型を採用したが、主電動機はのちにデハ200形発生の56kWに交換された。

1926年（大正15）年に目蒲で7両増備し、合計12両になった。側窓は1段下降式であったが、2段上昇式に改造された。東京急行電鉄（以下、東急電鉄）となり、改番されてデハ3100形となる。

上田丸子電鉄に3両譲渡した他は、車体を延長して全室片運転台に改造、さらに昇圧時に電機品が昇圧に対応できず付随車サハ3100形に改造した。その後は、近江鉄道、熊本電気鉄道、加悦鉄道、日立製作所に譲渡されたが、加悦鉄道に譲渡されたサハ3104号がカフェに改造されて、加悦SL広場に残っている。

デハ100形の床下にはトラス棒が設置されていた（のちに撤去） モハ100形108 二子玉川 1937年2月21日／撮影＝荻原二郎

デハ3101〜3109は車体延長・全室片運転台に改造されたデハ3100形3106 御嶽山〜久ヶ原 1954年10月14日／撮影＝荻原二郎

デハ3101〜3109は昇圧時にサハ化された サハ3100形3109 鷺沼 1970年5月16日

## デハ200形
### (デハ3150形・クハ3220形)
## デハ300形・クハ1形
### (デハ3200形・クハ3220形)

　1927(昭和2)年、目黒蒲田電鉄が川崎造船所でデハ200形6両を新製した。川崎造船の所謂標準車輛といえるもので、阪急などに同型車が存在した。全長は17mと長くなり、台車はボールドウィン形、主電動機は東洋電機製、主制御器は日立製PR-150形、ブレーキはSME型である。デハ200形は56kW出力の主電動機であったが、1929(昭和4)年に75kWの主電動機を新製して交換、外れた主電動機はデハ100形に、デハ100形の主電動機はデハ1形、デハ20形に交換して旧型電動機を淘汰した。

　1927(昭和2)年に引き続きデハ300形5両、クハ1形5両も新造した。制御車は1929(昭和4)年には電動車化した。車体形状は200形と似ているが、台車が大型化され、車輪径は910mm、床面高さも1190mmとなった。主電動機は75kW定格、ブレーキはAMM形である。

　のちに東急電鉄デハ3150形とデハ3200形となり、戦災にあった車輌は制御車として復旧し、一旦クハ3220形になり、のちにデハ3550形、サハ3660形に更新された。窓配置はドア間6個であったが、戦後前後のドアを移設してドア間4窓化する大改造を行い、他の車輌に合わせた。デハ3204号は荷物電車デワ3042号に改造された他、廃車後に近江鉄道、熊本電気鉄道、日立製作所、東急車輛に譲渡された。

デハ300形・クハ1形はデハ200形より台車を大型化した　モハ300形311　二子玉川　1937年1月15日／撮影＝荻原二郎

旧モハ200形のデハ3150形。ドア間は4窓化　デハ3150形3151　旗の台　1964年6月23日／撮影＝荻原二郎

戦災復旧車のクハ3220形3224　自由ヶ丘　1949年8月21日／撮影＝荻原二郎

デハ3200形3204はのちに荷物電車デワ3042号に改造　大崎広小路　1961年11月29日／撮影＝荻原二郎

第1章 モハ510形を中心にした戦前から戦後の車輌　21

# モハ500形
## （デハ3400形）

　モハ500形は、1928（昭和3）年に目黒蒲田電鉄が川崎車輛で5両製造した。関東私鉄形ともいえるドア間窓4個、片隅式運転台、側窓は2段上昇式の車体となった。鉄道省の車輛は両側面に乗務員室扉があるが、この車輛は運転席側のみで、反対側は客室になっているのが特徴である。このような窓配置は、1927（昭和2）年に東京地下鉄道1000形で登場しているが、鉄道省モハ30形、31形のように側窓が2個ずつ組になり、4つが均等に配列されてはいない。帝都電鉄モハ100形・200形、京浜電気鉄道デ101形、南武鉄道モハ150形などがその後同じ窓配置で誕生した。主制御器はPR-200形、主電動機は東洋電機TDK-501W形、ブレーキはGEの直通自動式であった。この形式は5両しか製造されず、次のモハ510形の試作的意味合いがあったのかもしれない。

　その後は東急電鉄デハ3400形となり、戦

旧モハ500形のデハ3400形。片隅式運転台、側窓は2段上昇式で登場　デハ3400形デハ3402　雪ヶ谷工場　1951年4月1日／撮影＝荻原二郎

デハ3401～3404号は全室片運転台化された　デハ3400形3401　元住吉検車区　1972年5月4日

デハ3402・3403号は弘南鉄道に譲渡された　デハ3400形3403　旗の台　1970年12月26日／撮影＝荻原二郎

こどもの国線開業日のデハ3400形3405　長津田　1967年4月28日/撮影=荻原二郎

後、4両は全室片運転台化、デハ3405号は片側のみ全室運転台に改造したが両運転台のまま残り、こどもの国線で使用された。主制御器は晩年CS-5形になっていたことが幸いして、弘南鉄道で国鉄形のCS-5形は扱いなれているからということで廃車後2両が譲渡されたほか、デハ3405号は東急車輛に譲渡された。

## モハ510形（デハ3450形）

1931（昭和6）年から1936（昭和11）年にかけて目黒蒲田電鉄21両と東京横浜電鉄29両、計50両が製造された。この車輛はユーザーとメーカーが一体となって設計したもので、随所に新しい試みが見られ、1989（平成元）年までの長きにわたり営業線で使用された。車号はなぜかモハ511号ではなくモハ510号から始まり、末尾の3番は「悲惨」に通じるので欠番となり、最後の車号は565号である。

車体、台車は日本車輛製と川崎車輛製があり、それぞれ独自の設計により形態が異なるが、主要寸法は同一で輪軸や主電動機は共通である。窓配置はモハ500形と同一であるが窓腰部を低くして軽快に、妻面は中央部の窓幅を狭くし、窓柱を太くして、運転台スペースを確保すると共に丈夫な構造

としたのが特色で、大きな日除けが設けられていた。

この時期、技術の責任者は鉄道省を退官後に東横電鉄に来られた取締役電気技師長の小宮次郎氏で、五島慶太氏から

「電鉄技術は科学の進歩に伴って発達したものだから、常に学問的な基礎に立ってその合理的を図るべきで、かつその合理化は、普遍的であること、東横電鉄のみに適用できるようなものであってはならない。当社は学校出の新入社員を採用するが、この趣旨で養成していきたい」

と経営者の所見、特に合理性を強調されたと『五島慶太の追想』に記されている。この思想はその後、田中勇氏、横田二郎氏に引き継がれた。小宮氏はコスト削減、保守性の改善に努め、日立製作所とこれらの開発を行った。

主電動機は日立製75kWで750V142A、定格回転数を1000rpmとすることにより軽量化を図った。当時の鉄道省の標準形電車用主電動機MT15形や他社向けでは、概ね600〜700rpmのものが多かった。そして当時は平軸受が一般的であったが、SKF社製のコロ軸受を採用している。電車線電圧は600Vであったが、将来の昇圧と絶縁に対するトラブル防止の意味もあり、1500Vに耐えるものとし、昇圧後も廃車まで使用できた。ブラシ保持器も試行錯誤の結果、1BHに1ブラシの所謂東横形が完成したという。このモーターはHS-266-Br、HS-267-Ar、HS267-Br形で、その後一部設計変更したモハ1000形用のHS-267-Cr形、デハ3650形などに使用したHS-267-D形を含め400台あまりを購入しているのが特記できる。歯車比は63:17と61:19の2種類があっ

第1章 モハ510形を中心にした戦前から戦後の車輛　23

たが、のちに61：19に統一された。

　主制御器は当初自動加速式PR-150形を採用したが実地使用上得られた経験に基づき、1932（昭和7）年には1年1回点検を目指した空気操作式のPR-1Y1形を開発した。PR-1Y1制御器は『日立評論』（昭和8年1月号）に以下のように紹介されている。

　「昨年中の製作にかかるPR制御器の中特に異彩を放って居るものは東京横浜電鉄株式会社の最新型PR-1Y1制御器であろう 制御器は電車線電圧1500V、電動機150HP4台を優に制御し得る容量を有するものにして、其特徴とする處は1年間無点検無故障、重量極度の軽減、部分品の種類及数量の減少を標榜して設計製作されたことにある」と。

　しかし、操作空気機関の保守に手数がかかり1Y1としては不充分であることが判明、1934年（昭和9）年6月、小宮氏は日立に空気操作式を廃して電動機操作式の新型制御器の研究を要望した。日立は電動機操作式の経験がなく、文献調査、輸入品を使用していた東武鉄道の英国電気製電動機操作式カム軸制御器を見学したりしたが、当面は操作機関にGE社のPC式を採用して改良したPB制御器を、1935（昭和10）年〜1936（昭和11）年に32台導入したものの、抜本的解決には至らなかった。『日立評論』（昭和11年1月号）によると、東横電鉄でPR制御器実地使用上得られた資料の提供により、PB制御器を20両分、また目蒲電鉄に12両分製作中で、電圧1500Vで200HP主電動機4台を十分制御できる能力を有するとある。当時、他社には新型PR制御器を、鉄道省にはCS5形を製作していた。

　1935（昭和10）年に電動機操作式MC制御器の設計を開始した。英国電気と異なりカム軸は逆転することなく、ノッチ進め・戻しとも一方向に回転することと、ノッチ進め同期装置を有するものであった。第一次

モハ510形はユーザーとメーカーが一体となって設計　モハ510形510＋520　多摩川園前　1937年11月14日／撮影＝荻原二郎

試作品を1936（昭和11）年1月から工場試験、同年5月に現車に取り付け東横線営業線で試験したが、主電動機開放器の端子ボルト弛緩のため焼損してしまった。並行して製作したカム接触器の取り付け方法を改良した第二次試作品が同年5月に完成、6月より目蒲線にて営業運転で使用し、12月に6ヶ月検査を行った結果が良好であったことから、東京高速鉄道（現・東京メトロ銀座線新橋～渋谷間）100形や東横モハ1000形をはじめ各社で採用された。このように新しい技術を取り入れ、電力量計を各車に取り付けて省エネ運転を競い合っていたとのことである。

その後、東急電鉄デハ3450形となったが、50両あったためか番号が3450号から3499号となった。一般的な車輌は形式に1を足した数字が1号車であるが、この他にクハ3850形もクハ3850号から始まっている。戦後は3両を除き片運転台化され、両運転台車の一部を除き、全室運転台化、連結面には貫通口を設け、昇圧改造、さらに更新修繕で窓高さを850㎜から950㎜に大きく改造して使用されたが、運転台の向き、正面貫通口の有無などがいろいろあった。デハ3472号はダンプカーと衝突して車体をデハ3600形の更新車と同じものに交換したので車体長も長くなり、形状が異なっていた。

一部の車輌を除き、全室運転台化に伴い連結面に貫通口を設けた　デハ3450形3471　田奈　1966年10月16日

デハ3450形は更新工事によって側窓をアルミサッシ化　デハ3450形3474　梶が谷　1968年12月30日

正面が非貫通のデハ3450形3455　長津田検車区　1984年7月15日

台車は軸箱をRCCコロ軸化し保守を容易にした。主制御器は新型のMMC-H-10D・G・K形に、パンタグラフはPT-43、PT4304、PT4306形に順次交換されたが、主電動機、主幹制御器、空気圧縮機などは製造当初のものが使用された。他の形式の車輌では主電動機を交換した例が多いが、最後まで交換しなかったのも初期の設計の優秀性といえる。付随車と連結した車輛は3両固定編成となり、電動発電機をサハに取り付け、正面に方向幕を設置した。

廃車後の台車は他形式の老朽台車との振替や、他社に譲渡して再活用した例もあるが、車輌としての譲渡は日立製作所にインバータ電車試験時の並走車として譲渡されたデハ3464号と東急車輛に3両だけであった。千葉県のいすみ学園に2両が寄贈され、1両が残っている。荷物電車デワ3043号に改造されたデハ3498号は長津田車両工場の入換用に最後まで残っていた。

製造当時の姿に復原されたトップナンバーのモハ510号と、カットモデルになったデハ3456号が宮崎台にある「電車とバスの博物館」に保存されている。このモハ510形の復原は当時の取締役社長横田二郎氏の指示によるもので、小宮次郎氏が拘られた東

デハ3450形3464はのちに日立製作所に譲渡され、インバータ電車試験時の並走車として使用された 青葉台 1966年4月／撮影＝荻原二郎

デハ3450形3498はのちに荷物電車デワ3043号に改造された。片運転台にはされず両運転台のままだった 二子新地前 1975年5月22日／撮影＝荻原二郎

両運転台のまま残ったデハ3450形3499　長津田検車区　1992年12月23日

モハ510形510の復原工事の様子　東急車輛電設長津田工場　1989年1月28日

復原されたモハ510形510　長津田車両工場　1989年3月29日

第1章 モハ510形を中心にした戦前から戦後の車輌　27

急の車輌技術の基本になったものを後世に引き継ぐというものであった。幸い、台車、主電動機、主幹制御器、ブレーキ弁などは当時のものが使用されていたが、車体は大幅に更新されていたので、東横車輌で新製時代の姿に極力復原し、主制御器、パンタグラフ、室内灯などは地方民鉄から調達した。主制御器はモハ510号新造時のものは見つからなかったが、上田交通で使用していたMC-H200A形を取り付けた。これは1938(昭和13)年10月15日に目黒蒲田電鉄に日立が12セット納入したものである。

## 池上電鉄引継ぎ車輌

1934(昭和9)年に合併した時には、モハ15形小型木製車4両、旧省電のモハ30形10両、半鋼製車モハ120形5両、モハ130形3両があった。

### ①小型木製車 デハ3～6→目蒲モハ15～18

1922(大正11)年から1923(大正12)年に日本電機車輌で製造した小型ボギー木製車で、電機品は東洋電機、ブレーキは3・4号がクノール製、5・6号がウェスチングハウス製であった。目蒲電鉄に引き継がれたが、1935(昭和10)年に越中鉄道と野上電鉄に各1両、1938(昭和13)年に江ノ島電鉄に2両が譲渡された。

### ②省電木製車 デハ20形→目蒲モハ30形

目蒲電鉄同様、鉄道省から木製車の払い下げを受け10両がデハ20形となっていた。目蒲と同じ番号なので、合併後に改番されモハ30形(2代目)となった。1936(昭和11)

池上電鉄デハ20形は目蒲電鉄との合併後にモハ30形となった　池上電鉄デハ20形26　五反田　1932年1月30日／撮影＝荻原二郎

旧池上電鉄デハ20形24のモハ30形34
二子玉川　1937年7月21日／撮影＝荻原二郎

年以降、鋼体化されてモハ150形（のちのデハ3300形）6両とサハ1形（のちのサハ3350形）4両となり戦後まで使用した。

### ③半鋼製車　デハ100形→目蒲モハ120形／デハ200形→目蒲モハ130形（デハ3250形）

1928（昭和3）年にデハ100形、1930（昭和5）年にデハ200形を汽車会社東京支店で製造した半鋼製車である。デハ100形は正面に貫通口があるがデハ200形は非貫通、側窓は2段上昇式でドア間の側窓は7個である。デッカーシステムの電動カム軸式制御器ES-155形を採用し、主電動機は東洋電機製4台である。目蒲電鉄に合併した際に形式をモハ120形、モハ130形に変更、東急改番ではデハ3250形に統合された。

戦後、新車導入の見返りに地方私鉄に転出が求められた際に、制御システムが目蒲・東横系と異なるためその対象になり、1947（昭和22）年～1949（昭和24）年に静岡鉄道、庄内交通、京福電気鉄道に譲渡された。

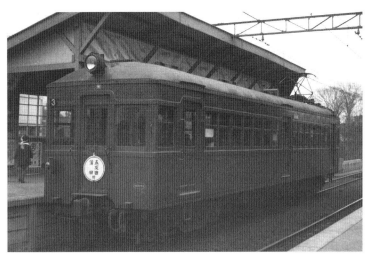

旧池上電鉄デハ100形104のモハ120形124　洗足池　1938年3月27日／撮影＝荻原二郎

旧池上電鉄デハ100形101のモハ120形120　石川台　1939年3月8日／撮影＝荻原二郎

池上電鉄デハ200形は目蒲電鉄との合併後にモハ130形となった　池上電鉄デハ200形201　五反田　1932年1月30日／撮影＝荻原二郎

## モハ150形
（デハ3300形・クハ3230形）
## サハ1形
（サハ3350形）

　モハ150形とサハ1形は1936（昭和11）年から1940（昭和15）年に、鉄道省払い下げ木製車輌を、川崎車輌と日本車輌で鋼体化した。車体寸法は旧車体と同じ15mの小型車で、正面は平妻非貫通である。窓配置はモハ510形と同じだが、側扉が1000mmと狭い。電動車11両、付随車4両が竣功した。

　サハ1形はモハ510形に挟まれて3両編成で運転された。のちにデハ3300形、サハ3350形となり、電動車は片運転台化、貫通口新設などを行い、付随車も貫通口を設けた。昇圧時には主電動機を東洋電機と三菱電機で新製して交換した。主電動機出力が小さく、晩年は全電動車の3両編成で使用された。電動車2両は戦災に遭い制御車クハ3230形に改造、のちにサハ3360形に更新された。小型だったことも幸いしたのか、廃車後に付随車は上田丸子電鉄（現・上田電鉄）に、さらに車体は上田から伊予鉄道に

モハ150形は鉄道省払い下げの木製車輌を鋼体化して登場　モハ150形151　東洗足　1938年3月25日／撮影＝荻原二郎

旧モハ150形159のデハ3300形3309　五反田　1962年4月28日／撮影＝荻原二郎

正面に貫通口を設けたデハ3300形3305
長津田車両工場　1972年10月

クハ3230形3231　石川台　1956年7月15日
／撮影＝荻原二郎

サハ3350形3353　田園調布　1965年8月23日
／撮影＝荻原二郎

移った。電動車は8両が福島交通、京福電鉄（現・えちぜん鉄道）、上田交通（現・上田電鉄）に譲渡された。

## キハ1形（クハ1110形）

　東横線の急行用として1936（昭和11）年に川崎車輌で流線形のガソリンカーを8両製造した。鉄道省のガソリンカーに似たクリームと水色の塗分け塗装であった。変電所の増強せずに増発できるということで導入し、加速度が低いので急行用としたが、ガソリンの供給が困難になったため活躍は短く、1938（昭和13）年から1940（昭和15）年には、神中鉄道、五日市鉄道に譲渡された。神中鉄道は相模鉄道になり、戦時中は東急が委託運営し、制御車に改造されたクハ1113・1114号が東横線を走行したこともあった。

　相模鉄道から上田丸子電鉄（現・上田電鉄）、日立電鉄、日立製作所へ、五日市鉄道の車輌は気動車として鹿島参宮鉄道（のちの鹿島鉄道）に転じた。

旧キハ1形6を制御車化したクハ1110形1113　星川工場
1947年1月22日／撮影＝荻原二郎

キハ1形8は五日市鉄道に譲渡され、その後は鹿島参宮鉄道に活躍の場を移した　渋谷　1936年8月13日／撮影＝荻原二郎

第1章 モハ510形を中心にした戦前から戦後の車輌　31

## モハ1000形
（デハ3500形・クハ3650形）

モハ510形の同系車として1939（昭和14）年に22両が川崎車輛で竣功した。東横電鉄10両、目蒲電鉄12両の発注だったが、完成時は合併されていた。主要寸法はモハ510形と同一だが、窓高さをモハ510形の850mmから950mmに変更したので、明るい感じになった。大きな特徴は横浜から京浜線に直通運転する構想があり、軌間を1067mmから1435mmに改軌できるよう長軸台車を採用した点である。鉄道省でも改軌できるように客貨車や電車のT台車に長軸台車を採用した例はあるが、電動台車は珍しい。

電機品はモハ510形同様の日立製で、主電動機はモハ510形と同系のHS-267-Cr形だが、歯車比は62：20と小さくなった。主制御器は電動カム軸式MC-H200A形で直列5ノッチ、並列4ノッチ、1019号と1020号には直列11ノッチ、並列11ノッチの多段式MMC-H200形を試作して取り付けた。この多段式MMC主制御器は、カム軸は一方向回転式で、ノッチオフ時に逆転することなく、ノッチ進めと同方向に回転して「切」位置に復帰して直並列制御を行い、橋絡式渡り方式を採用、カム接触器はカム軸を中心として上下2段に配列されている。これらの方式は国鉄新性能電車用CS-12形に採用されている。

戦後は片運転台化、連結面に貫通口取り付けを行った。前面は火災により一時制御

## 東京高速鉄道100形

現・東京メトロ銀座線の渋谷〜新橋間を運営していた東京高速鉄道は、1938（昭和13）年11月に虎ノ門〜青山六丁目（現・表参道）を開業し、同年12月に渋谷まで、1939（昭和14）年1月に渋谷〜新橋間が全通開業した地下鉄である。

当初は浅草〜新橋間の東京地下鉄道とは違う東京高速鉄道の新橋駅を発着していたが、同年9月に東京地下鉄道と相互直通運転を開始した。100形30両が川崎車輛で製造され、東京地下鉄道との相互直通を考慮したため、車両の寸法的には似ており窓配置も同一だが、室内の造作は東京地下鉄道車より簡素であった。

車体は1939（昭和14）年に登場する東横モハ1000形に似た丸みを帯びた形状で、主制御器はモハ510形で試験した日立製の発電

モハ1000形に形状が似ている東京高速鉄道100形124　渋谷　1939年8月9日／撮影＝荻原二郎

制動付き電動機操作カム軸制御器、主電動機は東京地下鉄道の100kW2台に対し75kW4台で総出力は大きく、電動発電機付きでセクションでも室内灯が消灯しないなど、東京地下鉄道の車輌とは異なっていた。しかしながら台車は東京地下鉄道1200形と同じ住友製KS-93L形であった。営団になっても1968（昭和43）年まで使用され、今でも地下鉄博物館で129号のカットボディなどを見ることができる。

32

車クハ3657号となり車体更新して電動車に戻ったデハ3508号を除き、非貫通のまま使用したが、運転室は半室から全室に改造した。

奇数車上り向き、偶数車下り向きに統一されたが、床下機器は車両ごと方転したので、奇数車は海側・主制御器、山側・空気機器、偶数車は海側・空気機器、山側・主制御器(ただし3508号は海側・主制御器)になった。

台車はデハ3450形同様にコロ軸化を行った。デハ3508号以外も車体更新によって窓をアルミサッシ化、室内デコラ板化し、さらに張り上げ屋根化、前灯シールドビーム

旧モハ1000形1002のデハ3500形3502　元住吉　1951年2月5日／撮影=荻原二郎

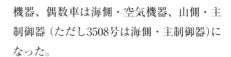

モハ1000形は京浜線との直通運転構想を考慮して長軸台車を採用した　デハ3500形3510　二子玉川園　1961年11月4日／撮影=荻原二郎

デハ3500形3513は焼損により車体を更新した　鷺沼検車区　1988年9月15日

更新によって外観が大きく変わったデハ3500形。焼損して車体を更新したデハ3508号は唯一の貫通型　目黒　1985年2月23日

デハ3500形3517　奥沢検車区　1980年5月9日

を2灯化して尾灯とケースに収納し、外観が大きく変わった。その他、中間に補助電源装置を持った付随車を組み込み固定編成化、先頭車車掌台窓に方向幕を取り付け、側引戸の小窓化も多くの車輌で行われた。また晩年には、主制御器は全車新しいMMC－H－10K形に統一されていた。

## クハ3650形
（デハ3650形）

　東急電鉄になった1942（昭和17）年に川崎車輌でクハ3650形を6両新製した。形態的にはデハ3500形を片運転台化したもので、連結面は切妻、1100mmの広幅貫通口を設けていたが、連結相手がないので、扉で塞がれていた。台車はデハ3500形と同型で長軸である。同系のデハ3550形が計画されていたが、7両が1500V仕様となりデハ1700形として竣功、戦災で車輌が不足していた井の頭線に配属された。

　戦後はクハ3651～3655号の半室が進駐軍専用白帯セクションに改造されて使用されたこともある。1952（昭和27）年に電装されてデハ3650形となり、戦災車輌を更新して広幅貫通口のサハ3360形を製作し3両固定編成になった。主電動機は戦時設計のHS－267－D形平軸受であったが、のちにコロ軸化しHS－267－Dr形となっており、デハ3500形のCr形と互換性がある。このHS－267－D形は1943（昭和18）～1944（昭和19）年に112台（28両分）が日立から東急に納入された記録がある。半室運転室は昇圧の頃、

クハ3650形は1952年に電装され、3両固定編成となった　デハ3650形3654　二子新地前～高津　1965年4月／撮影＝荻原二郎

デハ3500形3508から編入されたクハ3650形3657　久ヶ原～御嶽山　1954年8月7日／撮影＝宮松金次郎

## 東京急行電鉄発足による改番

　1942（昭和17）年5月に東京横浜電鉄、京浜電気鉄道、小田急電鉄を合併し東京急行電鉄となったが、各社の車号で重複する場合もあり、改番されることになった。

　玉川線所属車輌1～999、旧小田急電鉄所属車輌1000～1999、旧東京横浜電鉄所属車輌3000～3999、旧京浜電気鉄道所属車輌5000～5999、さらに京王電気軌道が加わり、旧京王電気鉄道所属車輌2000～2999となった。なお現在の京王井の頭線は合併前小田急電鉄だったので、1000番台であった。組織としては、新宿営業局（旧小田急）、渋谷営業局（旧東急）、品川営業局（旧京浜）で発足、品川営業局は1944（昭和19）年5月に横浜に移り横浜営業局に、京王電気軌道との合併で京王営業局が設置された。

進駐軍専用車となったクハ3650形3654　武蔵小杉　1951年9月24日／撮影＝荻原二郎

更新後のデハ3650形。偶数車の正面には貫通口を設けたデハ3650形3654　雪ヶ谷検車区　1984年5月6日

全室運転室化されている。前述のように一時デハ3508号がクハ3657号として編入されていた。

　更新修繕でデハ3500形同様の姿になり、偶数車は正面に貫通口を設けた。これは中間のサハ3360形が旧型台車の更新車なので廃車した場合に制御車を連結することを配慮したものであったが、利用されることなく終わった。廃車後1両が両運転台化されて十和田観光電鉄に譲渡された。

## デハ1600形
## クハ1650形

　小田急電鉄が川崎車輌に発注し仮称モハ1000形とされていたが、東急となってデハ1600形となり1942（昭和17）年に10両が登場した。全長16640mm、車体幅2620mmと従来の小田急車輌と似た大きさであるが、2段上昇窓の3ドア両運転台車で片隅式運転台だが、乗務員室側開戸は両側にあった。自動加速式三菱製ABF制御器を初めて採用、主電動機は弱め界磁付き125HPのMB-146CF形である。

　クハ1650形は小田急クハ600形として2両が合併時に在籍していたが、1944（昭和19）年にはクハ1650形1両（1652号）を国鉄の古い客車の台枠を利用して竣功させた。この車輌は焼損したデハ1158号のKS-30-S台車を使用していた。小田急になり車体を新製交換、不要となった車体は上田丸子電鉄モハ5370形に使用した。

デハ1600形は小田急が発注して合併後に入線した　デハ1600形1603　経堂車庫　1943年4月4日／撮影＝荻原二郎

旧小田急クハ600形603のクハ1650形1653　経堂〜千歳船橋　1943年4月18日／撮影＝荻原二郎

## デハ5300形

　京浜電気鉄道と湘南電気鉄道が川崎車輛に発注した車輛で、それぞれデ200形、デ250形として計画されたが、東急となりデハ5300形として営業開始した。全長18m、車体長17.5mと大型化された。この車輛大型化は京浜の専務取締役になった五島慶太氏が推進したといわれている。この17.5m車体はのちの京急標準となり、都営浅草線、京成電鉄などの他、日比谷線直通車輛にも導入された。

　窓配置は東急ではデハ3400形以来、京浜線ではデハ5170形と同じ片隅式両運転台、ドア間側窓4個の3ドア車であるが、側窓が900mm幅、窓高さが1000mm、窓下部が床面上750mmの軽快な形態である。電機品は日立製を使用し、1942（昭和17）年から1944（昭和19）年に20両が竣功した。京浜急行電鉄になり、デハ300形に改番された。

旧デハ5300形の京浜急行電鉄デハ300形309　仲木戸　1949年6月26日／撮影＝荻原二郎

## デハ1700形
（デハ3550形）

　クハ3650形の相棒ともいえるデハ3550形が計画されたが、旧東横路線だけでなく、一部はデハ1700形として小田原線にも投入することになり、汽車会社で製造した。ところが井の頭線の永福町車庫が空襲を受け、多くの車輛が被災したので新車は井の頭線に投入することになり、デハ3551・3552号として元住吉に入場したものの、デハ1701・1702号になり、7両全車が井の頭線用となった。

　形態的にはクハ3650形を電装したもので、広幅貫通口を備えていたが、相手がなくのちに狭く改造された。主電動機はHS-267-D形である。井の頭線で活躍後、長軸台車ゆえか晩年は改軌されて京王線に転じた。

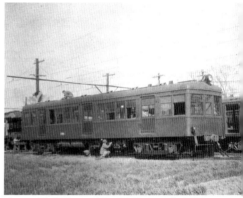

デハ1700形は戦災による車輛不足を補うために井の頭線用となった　デハ1700形1701　元住吉工場　1946年3月29日／撮影＝荻原二郎

## デハ1710形

　京浜線向けに汽車会社東京支店で製造した車輛で、クハ5350形として5両が計画されたが電動車となり、1946（昭和21）年にデハ1700形同様、井の頭線に投入された。車体、台車などはデハ5300形とほぼ同一であるが全室片運転台となり、乗務員側開戸は両側にあった。主電動機はHS-267-D形で

デハ1710形は京浜線向けに製造されて井の頭線用となった　デハ1710形1715　永福町　1947年11月9日／撮影＝宮松金次郎

ある。この車輌は元々京浜線用であったため長軸台車で、晩年は改軌されて京王線に転じた。

## デハ1800形 クハ1850形

国鉄63形で、1946（昭和21）年から20両が小田原線と委託経営中の厚木線に投入された。デハ1800形とクハ1850形の2両編成である。この頃、新車はこの車輌しか認められず、東武鉄道、名古屋鉄道、南海電気鉄道、山陽電鉄も導入した。相模鉄道には1947（昭和22）年に経営委託解除で6両が譲渡されている。

クハ1850形1852　経堂工場　1946年10月1日／撮影＝荻原二郎

デハ1800形1810となるモハ63252号　経堂工場　1947年3月4日／撮影＝荻原二郎

第1章 モハ510形を中心にした戦前から戦後の車輌　37

# デハ5400形

デハ5400形は京浜線木製車の更新名義で1947(昭和22)年に車輌メーカーではない三井造船で10両製作したもので、基本的寸法はデハ5300形に準ずるが、全室片運転台となり、デハ1600形のように乗務員用側開戸が両側に設けられた。やはり電気品は日立製である。京浜急行電鉄となり、デハ400形になった。

旧デハ5400形の京浜急行電鉄デハ400形407　金沢検車区　1956年11月11日／撮影＝荻原二郎

# クハ3660形

本来は小田原線のデハ1158号が焼損して復旧用に川崎車輌で車体を新製したが、2両が完成し、また当該車は復旧していたので、国鉄戦災車のTR−10形台車を使用して京浜線車輌の改造名義で1947(昭和22)年に登場した。デハ1150形に合わせた15m車で、片隅式片運転台側窓は800mm幅、高さ950mm、側出入口は1100mmである。混雑対策として座席は一部撤去された設計だった。電動車として設計されたからか、パンタ台を備えていた。のちに全室運転台化されたが、珍しく上り向き車輌であった。

クハ3662号の晩年はこどもの国線用になった。当初はクハ3850形がこどもの国線用になっていたが、平日は1両、休日は2両で運転されることが多く、鷺沼検車区で上り向き制御車の方が切り離し留置しやすいためといわれている。廃車後は上田交通(現・上田電鉄)と斎藤病院に各1両が譲渡された。

クハ3660形3662はのちにこどもの国線用となった　旗の台　1964年6月23日／撮影＝荻原二郎

クハ3660形は国鉄戦災車のサハ25138・25142号の台車を使用して登場　クハ3660形3661　自由ヶ丘検車区　1951年4月6日／撮影＝荻原二郎

# デハ1350形
# デハ1400形
# クハ1550形

　1948(昭和23)年に東急は小田急、京王、京浜と分離したが、旧小田急のデハ1366号、旧帝都のデハ1401号、クハ1553号・1554号が東急線に転籍して残ることになった。なお、デハ1366号は1943(昭和18)年から井の頭線で使用されており、台車、主電動機は旧帝都のデハ1400形のものに振り替えられていた。2扉のデハ1366号車は3扉化、全室片運転台化、デハ1401号は全室片運転台化、連結面に貫通口が設置され、クハ1550形2両も全室片運転台化は施行したが、連結面は非貫通のままであった。いずれも車体更新され、デハ3550形、サハ3360形になった。デハ1366号の車体は国鉄払い下げ木製車デ

3扉化されたデハ1350形1366。のちに車体はデワ3041号に転用された　元住吉　1958年5月16日／撮影＝荻原二郎

デハ1400形1401はのちに車体更新してデハ3550形3553となった　蒲田　1959年4月10日／撮影＝荻原二郎

クハ1550形1554はのちに車体更新してサハ3360形3365となった　石川台　1959年4月26日／撮影＝荻原二郎

第1章 モハ510形を中心にした戦前から戦後の車輌　39

ワ3041号の車体と載せ替えて電動貨車（荷物電車）になった。

　小田急線にも旧帝都の車輌が2両残ったが、のちに車体だけ荷物電車の小型車体と交換されて使用された。

　この他に小田急のデハ1100形木製車3両（旧国鉄モハ1形）も目蒲線と大井町線で使用され、のちに相模鉄道に移った。また相模鉄道のデハ1050形2両、クハ1110形（旧東横キハ1形）2両が東横線で使用された。

## デハ3600形
## クハ3670形
## クハ3770形

　1949（昭和24）年から1952（昭和27）年にかけ、国鉄から戦災車などの払い下げを受け、デハ3600形16両、クハ3670形9両、クハ3770形12両を竣功させた。デハ3616号とクハ3678・3679号は新製で旧番号がない。クハ3670形は600V用、クハ3770形は1500V対応であったが、昇圧後は共通である。車体幅が地方鉄道車両定規の2744mmより広いので、東横線と目蒲線の定規を拡幅して運用した。

　種車はいろいろあり、全室片運転台で、妻面は貫通、非貫通の双方があったが、のちに連結面は全車貫通口を設けた。鋼体を利用して東急横浜や東横車輌で復旧した車輌と台枠などを利用して新日国工業、汽車会社、日本車輌、東急横浜で車体新製した車輌がある。前者は事故に遭い更新したクハ3771号を除き、のちに車体幅が地方鉄道

車体を新製した竣工から間もない頃のデハ3600形3606。のちに弘南鉄道へ譲渡された　碑文谷工場　1950年3月30日／撮影＝荻原二郎

車体を新製した竣工から間もない頃のデハ3600形3612。のちに弘南鉄道へ譲渡　元住吉　1951年2月9日／撮影＝荻原二郎

デハ3600形3601は鋼体を利用して復旧した。のちに車体を新製　田園調布　1964年7月25日／撮影＝荻原二郎

デハ3600形3613の台車・主電動機はのちに大井川鉄道に譲渡された　自由ヶ丘　1961年10月10日／撮影＝荻原二郎

車体新製後のクハ3670形3672。当初は鋼体を利用した復旧車　奥沢検車区　1980年6月21日

竣工から間もない頃のクハ3670形3674。当初は鋼体を利用した復旧車だったが、のちに車体を新製　碑文谷工場　1949年2月15日／撮影＝荻原二郎

クハ3770形3771は鋼体を利用して復旧した　元住吉工場　1948年6月10日／撮影＝荻原二郎

クハ3770形3779は鋼体を利用した復旧車　田園調布　1963年11月9日／撮影＝荻原二郎

第1章 モハ510形を中心にした戦前から戦後の車輌　41

車両定規に収まるノーシルノーヘッダーの全金属製車体に東横車輛で更新し、大井町線、池上線でも使用できるようになった。

1958(昭和33)年にデハ3600形3両が両運転台化されて定山渓鉄道に譲渡された他、伊豆急に貸し出された車輌もあった。主電動機を新品のMT-40形やHS-269形に交換したが、1982(昭和57)年までに全廃され、廃車後は多くの車輌が弘南鉄道に、また名古屋鉄道、上田交通に各1両が譲渡された。

クハ3770形3774は鋼体を利用した復旧車。のちに車体を新製　田園調布　1960年1月13日／撮影=荻原二郎

車体を新製したクハ3770形3777。のちに弘南鉄道へ譲渡された　田園調布　1960年2月22日／撮影=荻原二郎

車体新製後のクハ3770形3775。当初は鋼体を利用した復旧車　旗の台　1963年6月9日／撮影=荻原二郎

車体を新製したクハ3770形3778。のちに弘南鉄道へ譲渡された　日吉　1971年4月16日／撮影=荻原二郎

伊豆急行に貸し出されて貨物列車を牽引するデハ3600形3608　伊東　1963年5月11日／撮影=荻原二郎

こどもの国線用となったデハ3600形3608　長津田検車区　1980年4月17日

# デハ3700形
# クハ3750形

　1948（昭和23）年に川崎車輛で新製した規格型車輛である。当時、車輛の新製ができるようになったが運輸省の規格型しか認められず、小田急電鉄のデハ1900形と車体がよく似た車体長17m、側窓高さ850㎜、全室運転台の車輛で、台車も同じKS-33形である。しかし、妻面は先頭、連結部とも非貫通である。主電動機は東洋電機TDK-528-9HM形、主制御器は空気式CS-5形であった。のちに連結面は貫通化、電動車は偶数車先頭部に貫通口を設けて使用し、のちに奇数車も設置した。台車は揺れ枕を改造してオイルダンパを取り付ける工事を施工し、予備に住友製FS-15台車を購入した。このFS台車はのちにサハ3251号に転用している。

　1961（昭和36）年から車体更新を開始し、側窓は950㎜高さのアルミサッシに変更して明るくなった。制御車は正面非貫通のままであったが、編成に制御車は1両だったので合理的であった。戦後製の新しい車輛にも関わらず車体の劣化が激しく廃車の対象となったが、1975（昭和50）年と1980（昭和55）年に名古屋鉄道に全車20両が譲渡された。名古屋鉄道では規格設計で車体寸法も近く、主電動機が同型だったことと、3ドア車を入れて混雑緩和できることを確認し

竣工から間もない頃のデハ3700形3703　元住吉工場　1948年6月24日／撮影＝荻原二郎

正面貫通化後（未更新）のデハ3700形3715　蒲田　1959年4月10日／撮影＝荻原二郎

更新後のデハ3700形3711　奥沢検車区　1980年6月21日

デハ3700形3701は1975年5月に名古屋鉄道に譲渡された　鷺沼検車区　1975年2月27日

第1章 モハ510形を中心にした戦前から戦後の車輛　43

更新前のクハ3750形3751　元住吉　1956年9月28日／撮影＝荻原二郎

更新後のクハ3750形3751　鷺沼検車区　1975年2月6日

更新後のクハ3750形3755　奥沢検車区　1980年6月21日

たいということで、のちの6000系3ドア車新製につながったとのことである。

現地では3両編成にして使用されたので、不足する1両はクハ3670形を充当しデハ3700形1両を制御車化して2M1T編成7本とした。この3700形台車は名鉄から大井川鉄道（現・大井川鐵道）に移り、同社の展望車などに今でも使用されている。

## クハ3850形
## サハ3370形

竣工から間もない頃のクハ3850形3854　碑文谷　1952年9月4日／撮影＝荻原二郎

1952（昭和27）年から1953（昭和28）年に川崎車輛と東急横浜で製作した制御車である。台車は川車製軸バリ式OK-6形、東急製軸ばね式YS-T1形と異なる。片運転台

クハ3850〜3854号は川車製の台車を使用　クハ3850形3854　田園調布　1956年4月14日／撮影＝荻原二郎

クハ3855～3866号は東急製の台車を使用　クハ3850形3859　田園調布　1964年7月25日／撮影=荻原二郎

更新後のクハ3850形3852　長津田検車区　1984年7月15日

クハ3850形3865を改造したサハ3370形3374　奥沢検車区　1980年5月9日

## デハ3800形

クハ3850形の電動車版ともいえる車輌で、1953(昭和28)年に東急車輛で2両新製された。車体の主要寸法はクハ3850形に準じるが、ノーシルノーヘッダーで側窓上部と戸袋窓はHゴム支持であった。台車は軸ばね式YS-M1形でトラックブレーキ式になった。主電動機はデハ3700形と同じTDK-528-9H形だが、主制御器は日立製MMC-H-10G形である。1976(昭和51)年の更新修繕時、いつも中間に組み込まれる

デハ3800形は側窓上部と戸袋窓がHゴム支持　デハ3800形3801　多摩川園前　1959年5月12日／撮影=荻原二郎

更新後のデハ3800形3801　奥沢検車区　1981年9月11日

デハ3800形3801の運転台　奥沢検車区　1981年9月11日

で前後に貫通口を備え、連結面は平妻、貫通扉付きである。車体は3700形以来の17m車であるが、運転室側と連結妻側で車端からドアまでの寸法が異なり、運転室側が長い。1973(昭和48)年から更新修繕が始まり窓高さを950mmのアルミサッシにして、張り上げ屋根化、前灯下部シールドビーム2灯化などを行った。また5両が付随車サハ3370形に改造された。廃車後はクハ3850形2両が十和田観光電鉄に譲渡されている。

第1章 モハ510形を中心にした戦前から戦後の車輌　45

更新時に運転台が撤去されたデハ3800形3802　奥沢検車区　1981年9月11日

デハ3802号車の運転室を撤去したが、1981(昭和56)年に十和田観光電鉄へ2両とも譲渡されることになり、両運転台化改造された。

## デハ3550形
## サハ3360形

更新によって生まれた形式である。デハ3550形は1953(昭和28)年、1954(昭和29)年に、クハ3220形2両を東急車輛でクハ3850形と同型の車体に新製し、電動車化してデハ3551・3552号とした。さらに1959(昭和34)年にデハ1401号を東横車輛でノーシルノーヘッダーの車体に更新してデハ3553号とした。主要寸法は先の2両と同じ17m車体だが、側窓高さは950mm、アルミサッシになった。1964(昭和39)年にはデハ1366号を更新してデハ3554号とした。この2両はよく似ているが、前者は連結妻面が切妻、前灯は取付式なのに対し、後者は連結面丸屋根、前灯は埋め込み式となっていた。1977(昭和52)年、デハ3551号は架線検測車デヤ3001号に、デハ3552号は1980(昭和55)年に日立製作所水戸工場に譲渡され、インバータ制御の試験電車に、デハ3553・3554号は1975(昭和50)年に廃車になり豊橋鉄道に譲渡された。

サハ3360形は、クハ3220形・クハ3230形・クハ1550形を1954(昭和29)年から1963(昭和38)年に車体更新して生まれた車輌で、サハ3361～3363号はシルヘッダー付、1100mm広幅貫通口でデハ3650形の中間に組み込まれた。サハ3364～3366号はノーシルノーヘッダーで狭幅貫通口である。3361～3365号は連結面切妻、3366号は丸屋根である。3361・3362号は東急車輛、3363～3366号は東横車輛で施工した。1975(昭和50)～1976(昭和51)年に万博モノレールで使用していたCLG-319D電動発電機を搭載し、連結する電動車のMGを撤去してMcTMc固定編成化した。サハ3361～3363号は1979(昭和54)年、1980(昭和55)年に室内外更新を

のちに架線検測車デヤ3001号に改造されたデハ3550形デハ3551　蒲田　1959年4月10日／撮影＝荻原二郎

旧帝都デハ1401号の車体を更新したデハ3550形3553　蒲田　1960年1月13日／撮影＝荻原二郎

ノーシルノーヘッダーで狭幅貫通口のサハ3360形3365
奥沢　1981年3月1日

サハ3250形は東急最後の鋼製車となった　サハ3250形3257　鷺沼検車区　1988年9月15日

シルヘッダー付の広幅貫通口のサハ3360形3363　雪が谷検車区　1984年5月6日

東急車輛で新製した軸ばね式のTS-322形台車はサハ3252～3257号で使用　鷺沼検車区　1988年9月15日

行い、側窓の上段下降・下段固定式化などを行った。また、台車は3361・3362号が旧デハ3200形、3363・3364号が旧デハ3300形のTR-10形、3365・3366号が旧クハ1550形で帝都電鉄のD-18形と3種類あり、まず予備品確保のため3366号のD-18形を廃車になったデハ3311号のTR-10形に交換して輪軸を共通化、さらにデハ3450形の廃車により、1981（昭和56）～1982（昭和57）年に全6両の台車をデハ3450形の廃車発生品に統一して保守の利便を図った。いずれも1989（平成元）年までに廃車になった。

## サハ3250形

老朽化したサハ3100形とサハ3350形の代替に1965（昭和40）～1967（昭和42）年にサハ3366号に似た車体を東横車輛で製作した。サハ3251号はサハ3351号の更新名義で、台車は3700形で使用していたFS-15形を使用した。サハ3252～3257号は新車で、台車は東急車輛で軸ばね式TS-322形を新製した。基礎ブレーキはトラックブレーキ式で、ステンレスカーの時代に製作した東急最後の鋼製車になった。デハ3500形と固定編成になり、補助電源装置に東洋電機製SIVを1972（昭和47）年から取り付けた。3251号はCLG-319D形MGである。3251号の台車は1形式1両だったので、クハ3850形の廃車発生品であるYS-T1形に1984（昭和59）年に交換した。多くは1989（平成元）年まで使用された。ステンレスカーの時代に普通鋼の車輛を製造したのは、連結相手に合わせたものと思われる。

第1章 モハ510形を中心にした戦前から戦後の車輛　47

# 他社へ渡った東急電鉄の車輌たち
## その1・モハ510形を中心にした戦前から戦後の車輌編

静岡鉄道モハ9(元・モハ1形9) 相模鉄道星川工場
1947年1月22日／撮影=荻原二郎

静岡鉄道モハ1(元・モハ1形1) 運動場前 1958年5月9日
／撮影=荻原二郎

日ノ丸自動車デハ207(元・モハ1形8) 法勝寺 1966年7月27日

上田丸子電鉄モハ3211(元・モハ1形4) 御嶽堂 1958年9月6日／撮影=荻原二郎

伊豆箱根鉄道モハ32(元・デハ30形32) 大雄山 1958年7月13日／撮影=荻原二郎

日立電鉄デワ101(元・デハ40形41) 大甕 1969年6月15日

日立製作所水戸工場・職員輸送列車(元・デハ3200形3210
＋サハ3100形3105＋デハ3200形3209)　勝田　1969年
5月23日／撮影＝荻原二郎

熊本電気鉄道モハ201(元・デハ3150形3153)　北熊本
1970年3月15日

近江鉄道サハ101(元・サハ3100形3101)　彦根　1970年
2月23日

加悦鉄道サハ3104(元・サハ3100形3104)　加悦　1971
年7月27日

弘南鉄道モハ3403(元・デハ3400形3403)　1986年10月
10日

静岡鉄道モハ17(元・デハ3250形3252)　運動場前　1958
年5月9日／撮影＝荻原二郎

京福電気鉄道ホデハ304(元・デハ3250形3254)　雪ヶ谷
工場　1948年10月25日／撮影＝荻原二郎

京福電気鉄道ホデハ303(元・デハ3250形3257)　福井口
1973年6月17日

第1章　モハ510形を中心にした戦前から戦後の車輌　49

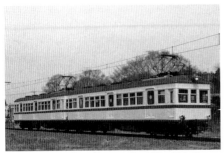
京福電気鉄道向け（元・デハ3300形）　長津田車両工場
1975年3月29日

福島交通デハ3306（元・デハ3300形3301）桜水　1976年8月28日

伊予鉄道サハ502（元・サハ3350形）　古町　1975年12月31日

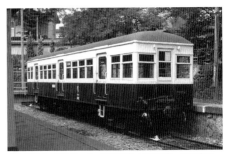
上田交通サハ62（元・サハ3350形）　別所温泉　1983年7月10日

上田交通デハ3310（元・デハ3300形3310）　下之郷
1980年8月29日

上田交通クハ3661（元・クハ3660形3661）　下之郷
1980年8月29日

50

神中鉄道キハ6（元・キハ1形6） 中新田口
1939年11月2日／撮影＝荻原二郎

相模鉄道クハ2502（元・キハ1形4） 和田町 1959年3月9
日／撮影＝荻原二郎

日立電鉄クハ2502（元・キハ1形7） 鮎川 1963年4月29
日／撮影＝荻原二郎

上田交通クハ273（元・キハ1形1） 別所温泉 1973年10
月20日

関東鉄道キハ651（元・キハ1形2） 石岡 1974年5月1日

第1章 モハ510形を中心にした戦前から戦後の車輌　51

定山渓鉄道モハ2202（元・デハ3600形3610）　元住吉工場
1958年5月16日／撮影＝荻原二郎

上田交通クハ3772（元・クハ3770形3772）　上田原
1985年4月28日

左から弘南鉄道モハ3613・3601・3607（元・デハ3600形
3606・3601・3607）　黒石　1986年10月10日

豊橋鉄道モ1731（元・デハ3550形3553）　高師　1977年1月16日

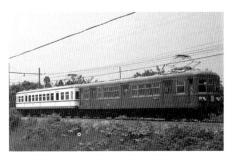
十和田観光電鉄モハ3603（元・デハ3650形3655）　大曲〜柳沢　2009年6月28日

十和田観光電鉄クハ3810（元・クハ3850形3855）　田奈
1991年11月11日

名古屋鉄道モ3885（元・デハ3700形3705）　豊橋〜伊奈
1978年9月1日

大井川鐵道客車・台車（元・3700形台車）
2015年4月14日

東急電鉄にゆかりのある
エキスパートインタビュー
1人目・関田克孝さん

# 「大東急」から独立後の東急の電車

聞き手＝荻原俊夫
構成＝池口英司

○関田 克孝（せきた・かつたか）
1944（昭和19）年、東京都生まれ。幼少期から電車の近くで育ったため、根っからの電車ファン。学生時代から、軽便、蒸機、海外にも手を広げている。乗物絵本、模型、Toy、古絵葉書を探すのもライフワークにしている。本業は土木の設計。

## 「大東急」時代と車輌形式

―― 関田さんは古くから東急の沿線にお住まいになり、東急の車輌に深い知識をお持ちです。そこで関田さんがご覧になってきた、東急の昔の話、面白い話をお聞かせ頂ければと思います。

まず、古い話になってしまいますが、終戦直後の1948（昭和23）年にいわゆる「大東急」が分離した際に、井の頭線から旧帝都系車輌が3両、旧小田急系車輌が1両、新生東京急行に、また旧帝都系の2両が新生小田急にそれぞれ配属されていました。その前には戦災被害甚大な井の頭線に新車12両投入と小田原線から旧小田急の車輌が転属していたわけですが、この時の経緯でご存知のことがあったら、お教えください。

**関田** 1947（昭和22）年頃から、「大東急」に合併した各社の独立への機運が高まっていたようですね。この背景には、鉄道会社についてもGHQの指導によって経営の民主化が進められるようになったからです。

元々、「大東急」が成立した後も、旧小田急系、旧京浜系、旧京王系が、それぞれ支社として動いていたのが「大東急」でもあったわけです。そういう経緯の中で、井の頭線だけに大量の車輌の投入がありましたから、それであれば、自分たちにも車輌を回してくれという要望が各社から挙がっていたというのがその背景です。

分離後に東京急行電鉄となる渋谷支社にしても車輌が不足していて、旧神中線（現・相模鉄道）の気動車改造車まで、東横線で運転していたくらいなのですから、車輌不足は深刻です。そこで荻原さんがおっしゃった車輌の動きがあったのですね。この時は人的な異動もあったようです。つまり乗務員も譲渡された旧帝都系の車輌と一緒に異動して、旧帝都系の乗務員が小田急の線路を走った。もっとも、この異動はあくまでも暫定的な処置と考

「大東急」から独立後の東急の電車 53

えられていたようです。

「大東急」が分離して各社が独立する時には、各社間の経営のバランスを考えて、旧帝都線は京王電鉄と合併することになるわけですが、この路線は元々は小田急電鉄の傘下にあった会社で、しかも営業成績は良好だった。この路線を譲渡する代わりに、やはり「大東急」傘下の箱根登山鉄道と、バス会社の神奈川中央交通が小田急グループに編入されたという経緯があります。

―― 「大東急」の新宿支社、のちの小田急線には旧国鉄モハ63形の1800形が20両入線し、相模鉄道には6両転出し車輌が増えている。その代わりに池上線から3250形が8両転出していますから、のちの東京急行は車輌が減っている。

関田 それはその通りですね。それは財産管理、経理上の問題から起こった異動なのだと思います。この時代の様々な動きについては、正確な資料がなく、研究の形で残せない事象が非常に多いのです。1954（昭和29）年に発行された三鬼陽之助の『五島慶太伝』（東洋書館）という書籍には内部事情が書かれていますが、それはあくまで経営の話です。私たちが使う「大東急」という言葉にしても、果たしてどこまで使って良いものなのか、悩ましいところではあります。

ただ、この言葉は趣味者の間ではある程度イメージが定着しているものですから、他の言葉に置き換えるのも、また難しいところです。

―― 私が子供の頃、なぜ、小田急の1700形は1900形よりも新しいのか？　ということがわからないでいました。けれども、「大東急」時代の車輌の動きを理解すると、数字の意味がわかってくる。ただ、帝都電鉄と小田急電鉄の

車輌形式には関係性がなくて、同じ車号がオーバーラップしているものもある。その点も不思議といえば不思議です。

関田 「大東急」成立時、在来各社の車号を一斉に変更しています。かつての旧車号はほとんど全てが砲金の切り抜き文字でしたが、新番号はペンキ書きとなりました。「大東急」の車号の付け方でひとつ不思議なのは、3600形というのが戦後に落成しますが、それよりも前に3650形という形式が存在していることです。

―― この時の形式番号の並び方は、理由がわからないままですね。小田原線にしても形式がデハ1350形、クハ1300形のように不思議なものがあります。

関田 後から出た特急用の1700形が先の1900形よりも若いのは、1900形割り当て時はまだ「大東急」時代で、別に1700形が存在していたからです。

## 3450形登場の頃

―― 関田さんが東急について、特にお詳しい分野というのは、どのあたりなのでしょうか。

関田 いや、特別に詳しいものというのはありません。生まれてからずっと九品仏に住んでおりましたから、通った学校も東横線沿線で、毎日、電車が通過してゆくのを見て育ったわけです。私が小学校に入学したのが、1951（昭和26）年のことですから、まだ東横線は架線電圧を昇圧する前で、当時の主力は3500形です。この時代の3500形には、様々なパターンの塗り分けが施されていましたし、学校から近い自由ヶ丘（※現・自由が丘）駅には車庫があって、すぐ近くから車輌を見ることができました。少しでも形が違う電車が入線してくると嬉しかったですし、楽しい

時代でしたね。

　小学校高学年になると、今度は自転車で遠出をするようになるわけです。元住吉検車区にはしょっちゅう出かけましたし、碑文谷の工場も楽しい場所でした。昭和30年代になると車輌が綺麗に片付けられてしまうのですが、昭和20年代はまだ碑文谷工場が車輛置き場になっていて、電車の電装工事をしていました。工事をする時は、ほとんどの電車が渋谷向きでしたが、実際に営業運転に入ると、これが桜木町向きになっているのです。それが不思議でしたね。

—— 私が先輩から伺った話では、元住吉に転車台があって、何ヶ月かに1度は車輛の向きを一斉に変えていたようです。車輪の片減りを減らすための措置があったと聞いています。転車台といっても動力のない、人力で回すものでしたから、作業は大変だったと思います。

関田　小田急の経堂にも転車台があって、同じようなことをやっていたようですね。これは小田急の創始者である利光鶴松さんであるとか、東急の五島慶太さんが指示をしていた

とも言われています。五島さんは、そのようなことまでかなり細かく、現場には口を出していたようですね。

　この時代の代表的な電車が元・510形である3450形で、この形式は晩年になって大変な人気車種になるわけですが、冷静に振り返ってみると、特別に何かの新機軸を備えていたという形式ではなかったですね。乗り心地も悪かったという記憶があります。

—— 3450形は、制御器には1Y1形を採用するなど先進的な部分もありました。乗り心地については、混んでいればさほど悪くなかったのではないでしょうか？　おそらくはバネによるものなのだと思います。

関田　線路の問題もあったでしょうね。3500形になると乗り心地が改善するのですが。

—— あれは台車が長軸で重いし、安定していたためでしょう。3450形では新しい制御器を開発しようという強い意気込みがあったのだと聞いています。そうして日本で初めて電空カム軸式制御MC-200形が完成した。のちに電動

元・510形のデハ3450形
中延　1954年12月4日／
撮影＝荻原二郎

「大東急」から独立後の東急の電車　55

カム軸式制御MMC-H-10形に統一されることになりますが。ただ、車体については新機軸の採用はありませんでした。

**関田** 車体についていえば、当時の帝都電鉄の車輛の方がしっかりしていたという印象があります。ただ3450形でも採用された、車輛の先頭部を全て運転台としない片隅式は、当時の子供たちには人気がありましたね。

―― あの片隅式運転台を最初に始めたのはどこなのでしょうか?

**関田** 正面非貫通3枚窓としては湘南電鉄のデ1形(※のちの京浜急行デハ230形)です。

ところが片隅式運転台だと、運転台内の機器を取り付けるスペースが限られたものになります。どうしても少しだけ、運転台を中央寄りに広げたくなる。このジレンマを解決したのが、東急の510形、すなわち3450形で、正面3枚の中央の窓を他よりも少し狭くしてスペースを確保しました。東急の電車では、その後も同じデザインが脈々と受け継がれてゆくわけです。

「大東急」ではその後に1710形という京浜の300形とそっくりの車輛を作るのですが、運転台の窓だけは、中央だけを少し狭くしたスタイルとなっているわけです。その寸法を採用したことで、機器の収まりがよくなったわけですね。

## 東横線で働いた車輛たち

―― 京浜の300形は、「大東急」になってから入線していますよね?

**関田** そうです。発注は京浜電鉄の時代で、当初はデ200形として製作する予定でしたが、入線したのは京浜が東急になった後のことでした。

―― それまでは車体が小さかった京浜電鉄

に、なぜ車体長17.5m車幅2.7mという大型車が入線したのかというと、京浜電鉄の役員に就任した五島慶太氏の指示によるものだったと聞いています。

**関田** それだけの大きい車体は、当時の関東の私鉄にはなかったはずです。規格の大きかった東武鉄道のデハ10系でさえ車体長は18mそこそこでしたから。あ、例外がありました。青梅電鉄のデハ500形です。あの会社は私たちにはローカル私鉄のイメージがあるのですが、当時はとても景気の良い会社で、いち早く大型車を導入していました。

―― 京浜300形が、その後長い間、現在に至るまで車体寸法の標準になっています。その後に出た東急の5000系は、車体長が18.5mに延びましたが、側扉が車体の端寄りに設けられるようになり、それまでの標準的なスタイルから変化が生じました。そして3800形の3分の2の重量だというのがセールスポイントでした。

**関田** 5000系の場合は、車体の軽量化が至上命題だったようですね。当時、元住吉に5000系を見に行きました。あの時の車体の緑は鮮やかでした。今も渋谷駅前に5000系のカットボディが置かれていますが、あの緑よりもっと鮮やかな黄緑に近い色でした。

5000系の登場は、とにかく皆を驚かせました。私の母は、特別に電車に興味を持っているわけではありませんでしたが、5000系には「凄い電車ができたね」と、驚いていましたから。

―― 5000系は運転室背後の立席スペースが暑い電車でしたね。

**関田** 当初は運転室の仕切り窓も固定式でした。後になってこれは開閉ができるように改造されるのですが、夏場の渋谷寄り先頭車は乗客が集中することもあって灼熱地獄になっ

前灯両脇に通風口が設けられた5000系デハ5011　二子玉川園　1968年12月23日／撮影＝荻原二郎

ていましたね。後から5011～5012の2両にだけ通風口を付けましたが、そこから雨水が侵入するというので塞いでしまったのです。

　それと母には東急で運転されたキハ1形の思い出話をよく聞かされました。

——　電車線の下で気動車を走らせたのですから、凄い発想でした。もっとも、気動車であれば停電になっても走ることができるわけですから合理的といえば合理的な発想です。

**関田**　当時は中京地区の瀬戸電などにもメーカーからの売り込みがあったようですね。東急がキハ1形を導入したのは、変電設備が整うまでの応急的な処置であったはずなのですが、それにしてはお金をかけたと思います。

——　実際にキハ1形が運転されたのは、1936（昭和11）年から3年弱の間だけだったようですね。アメリカからの石油禁輸がなければ、もっと長い間運転することもできたでしょうが。

**関田**　当時は「節約」という言葉が"錦の御旗"になっていましたから、あの時期には横浜の日吉に学校が一気に3校開校して、東横線の輸送力増強が急がれていましたから、車輌の増備も急務だったのでしょう。

——　終戦直後の東急には、いろいろな編成を見ることができました。

**関田**　面白かったですね。学校のクラスの中には、決まって鉄道好きが2人か3人はいましたから、仲間同士で相談して、「今日はどこに行こうか？」という話をするわけです。何か応急処置をした変則的な編成は、子供にはすぐ目に付きますから、それを見るのが楽しかったです。そんな調子でしたから、私は今でも整った姿の編成を見るよりも、編成美のない列車を見る方が好きですね。

——　当時は車輌の検査が1両単位で行われていましたから、編成の組み換えが頻繁に行われていました。それは私鉄でも国鉄でも同様でしたね。その頃のお仲間は今はどうされていますか？

**関田**　いや、皆鉄道の趣味を「卒業」しましたよ。相変わらずこの世界に浸っているのは、私ぐらいのものです（笑）。

「大東急」から独立後の東急の電車

# 第❷章
# 高性能車の黎明期

5000系　長津田検車区　1981年3月2日

5200系　渋谷　1959年2月1日／撮影＝荻原二郎

6000系　鷺沼検車区　1976年12月18日

# 5000系

　1954(昭和29)年から東急車輛で製造した張殻構造の超軽量車である。車体、台車、制御装置などに新しい構造や装置を取り入れ、明るいグリーンに塗装されたこの車輌が東横線に登場した時、沿線の乗客は驚いたものである。当初はデハ5000形-サハ5050形-デハ5000形の3両編成で、両端の電動車に主制御器、電動発電機、電動空気圧縮機、蓄電池など走行に必要な機器を搭載した。車体は18m、全長18.5mと在来の車輌より1m長くなったが、車体、機器の軽量化の結果、車体33.8%、台車22.4%、主電動機・駆動装置33.0%、全重量では26.8%、車長1m当たりでは31.0%の重量が減少した。台車と主電動機は私鉄経営者協会(のちの民営鉄道協会)の技術委員会の中にあった電車改善連合委員会の標準仕様書に準拠している。

　車体は、台枠の外側に型押しの曲面柱を横バリと共に溶接し、柱の上部を鉄タルキで連結し、側柱、横バリ、鉄タルキを同一平面内に配して環状となし、これを長ケタ、腰帯、側バリなどの縦通し材で結合した骨組とし、側構は上方に対し2.5度の傾きを持っている。この骨組に1.6mmの外板、屋根板、床板を張り、外形を円筒形に近づけた。台枠には強度上さしつけない限り重量軽減のため穴をあけている。先頭部は2枚窓非貫通になり、連結部は幌幅貫通口を設けた。

　台車は鋼鈑溶接構造の東急車輛製TS-

5000系は当初、急行の主力車輌として3両編成で活躍　5000系デハ5004～　代官山～渋谷　1955年2月14日／撮影＝荻原二郎

5000系に採用したTS-301形台車
元住吉検車区　1955年3月29日／撮影＝荻原二郎

5000系サハ5068に取り付けられた試作台車のTS-308形　元住吉検車区　1957年12月25日／撮影＝荻原二郎

301形で、車体の荷重は側受で支持し、中心ピンは推力の伝達と台車回転のガイドのみつかさどる。揺れ枕はコイルバネを介して直接側バリにのり、下揺れ枕はない。左右方向の復元力は枕ばねの横剛性で補うように設計された。基礎ブレーキ装置はトラックブレーキ式で複動型ブレーキシリンダを使用し、片押し式とした。日本初の横剛性タイプであるTS-308形空気ばね台車も試作して営業運転された。また、ドラムブレーキの試験も行っている。東急車輌のTS-300台台車は、次に登場する6000系の他、伊豆急100系、京王5000系、相鉄2000系などに使用され、TS-800台台車に進展する。一部の車輌に弾性車輪も試験的に採用した。駆動装置は直角カルダン方式としたため軸距は2400mmである。

電機品は東芝製で、私鉄協標準主電動機仕様書H-110Xに適合する110kW、2000rpmのSE-518形である。重量605kgと軽量で1kW当たりの重量は5.5kgと大幅に軽量化された。主制御器はPE-11形発電ブレーキ付きで4個の主電動機を制御し、力行23段並びに弱め界磁3段、ブレーキ20段である。抵抗接触器カム軸、組合せおよび弱め界磁接触器、制動附加抵抗接触器カム軸にフリーホイールを取り付け、1個の操作電動機の回転方向により、これらの中の一つのカム軸を選択し回転する。この主制御器は伊豆急100系のPE-14形や国鉄CS-12形の原型になった他、阪急、阪神、アルゼンチン向け、都営でも採用されていた。主幹制御器は、マスコンキー方式からレバーシングハンドルを使用する方式に変更された。電動

5両編成の5000系。1968年には輸送力増強対策として6両編成が登場した 5000系クハ5154～ 学芸大学～都立大学 1966年2月19日／撮影＝荻原二郎

田園都市線を走る5000系 5000系デハ5003～ 大岡山 1970年4月14日／撮影＝荻原二郎

5000系の「東横線 さようなら運転会」 5000系デハ5026～ 元住吉検車区 1980年3月16日／撮影＝荻原二郎

第2章 高性能車の黎明期　61

発電機は交流出力となり、直結の送風機により主抵抗器を強制通風する方式を採用、さらにこの排熱を車内暖房に利用したが、温度調節に難があり廃止された。なお、車内照明は蛍光灯で、編成に2台あるMGから海側全車、山側全車に供給するようにして万一の故障に備えた。

ブレーキ装置はAMCD型自動空気ブレーキで、電気ブレーキと連動するようにしたが、同時期の小田急2200形のような電磁直通ブレーキではなかった。電動空気圧縮機はベルト駆動の3-Y-S形である。連結器は柴田式自動連結器から、日鋼NB型自動密着連結器に代わった。

4両編成化に伴い、中間電動車デハ5100形を組み込み、さらに制御車クハ5150形も登場し5両編成化された。デハ5000形は50両を超え、サハ5050形はサハ5350形に改番した。5000系は増備の度にいろいろ改善され、台車は亀裂対策で当初のTS-301形か

5000系は1980年3月に東横線から撤退し、その後は大井町線（5両編成）と目蒲線（3両編成）で活躍した　5000系デハ5005〜　長津田検車区　1980年3月27日

5000系デハ5052はのちに松本電気鉄道に譲渡され、単行運転（実際の運用はなし）を可能にするため連結面に片隅式の運転台を新設し両運転台となった　長津田検車区　1981年3月2日

ら最後のTS-301F形まで改良を進めた他、車体では外板も1.6tから2.3tに板厚変更、内装板をアルミデコラにして半鋼製から全金属製への変更などを行った。運転室スペースも奥行を途中から100mm広げている。

最終的にはデハ5000形55両、デハ5100形20両、クハ5150形5両、サハ5350形25両の計105両となり、東横線では最大6両編成で使用された他、田園都市線や目蒲線でも使用された。

『東京急行電鉄5000形の技術』（非売品）によると、当時の車輛部長の田中勇氏は、

「5000形車両は、昭和29年当時に、それ迄の吊掛式に対して技術革新を志して作った結果である。いざ、走り出して見たら、車体にしわがよった、駆動装置のトラブル、コントの苦労、といろいろ発生した。台車の亀裂にしてもギリギリの設計をして作ってみたからこそ、足りないところが判ったのである、最初から心配して厚くしたら、どこが良かったのかわからない、悪いところが判ったら直せばよいのである」

と述べられている。

車輛課長白石安之氏は、超軽量車体の図面を見ると従来と全く変わっているのに驚き、直接の上司である田中部長に、「この超軽量電車はあまり画期的すぎて不明な点も多いので、もう少し在来的な考え方を入れたらどうでしょうか」と具申されたところ、「脱線や転覆するような電車では困るが、東急車輛が鉄研の援助を得てやっているのだからお前がとやかく言うな」と言わ

## 東急と伊豆急行の関係

伊豆急行は1961（昭和36）年12月10日、伊東〜伊豆急下田間の営業を開始し、当初新車100系22両が東急車輛で製造された。両運転台のクモハ100形4両、片運転台のクモハ110形10両、クハ150形6両とサロハ180形2両で、1M方式として編成を組みやすく配慮していた。国鉄伊東線と相互直通運転するので、20mの2扉車になったが、主制御器は東急5000系を改良した発電ブレーキ付き東芝製PE-14K形、主電動機は東洋電機製で定格出力は120kW、駆動装置は中空軸平行カルダン方式、ブレーキは国鉄車輛に合わせて電磁自動空気ブレーキを採用したが、発電ブレーキが常用と抑速付きであった。のちに国鉄が新性能車に置き換わり、電磁直通ブレーキに改造している。

車体は鋼製で1300mm幅の大きな側窓、正面は貫通式で前灯は上部に2個、車内は固定クロスシートであるが、扉近くはロングシートを配し、台車はコイルばね、東急車輛製M台車のTS-316形、T台車のTS-317形、軸距2100mmである。開業前には東急東横線で試運転も行われた。伊豆急行には東急からデハ3600形、クハ3670形、クハ3770形が貸し出されて伊豆急色に塗装されて活躍し、また夏の多客期には新車の7000系や7200系を東急車輛から直接入線させて使用した。

東横線で試運転を行うために入線した伊豆急行クハ150形155〜　元住吉検車区　1961年10月11日／撮影＝荻原二郎

れたとのことで、すべて東急車輌に任せる田中部長の大英断だと思われたとのことである。この革新的な車輌の新造計画は極秘に進められていたため、部内でも関係者にコンセンサスなしに元住吉に搬入されたそうで、検車区、工場の協力が得られず車両課員が現場に常駐して整備にあたったという。

軽量構造ゆえ、各地から引き合いがあり、1977（昭和52）年から各鉄道の仕様に東横車輌で改造のうえ、長野電鉄、岳南鉄道、熊本電気鉄道、福島交通、上田交通、松本電気鉄道に譲渡された。譲渡先では大型車になったが電力量が減少したと喜ばれた。熊本電気鉄道では2016（平成28）年まで営業運転に使用され、今も1両が動態で残っている。

長野電鉄では長野〜善光寺下間の地下化で不燃化が求められ、東急としてはデハ3450形を提案したが、先方の希望で5000系に決まった。2両編成と3両編成が必要ということで、1977（昭和52）年からMcTc編成10本とMcTMc編成3本が譲渡された。McTc編成は主電動機出力容量増を図ったSE−626形主電動機を東芝で新製している。

主抵抗器は自然通風式を新製、力行用応荷重装置取り付け、ブレーキ装置はC制御弁をM−60形に交換、ヒューズ箱を屋根上に設置、MGと蓄電池を付随車と制御車に移設、乗務員室を拡張、仕切り戸を中央部に変更、内装板張り替え、床面高さを1170㎜から1140㎜に変更、冬季対策としてドアにレールヒーターを新設、通風機を押し込み式に変更、上部にあった標識灯を後部標識灯に変更して下部は廃止、腰部にタイフォンを設置するなど、大幅な改造工事を

施工し、新車並みになった。制御車はクハ5150形が5両しかなく、不足分の5両を補うため、電動車を電装解除して対応した。

福島交通はデハ3300形が譲渡されていたが、5000形をMcMc2両編成で使用することになり、1980（昭和55）年に2両譲渡した。当時電車線電圧は750Vであったが、主回路はそのまま使用し、MGをCLG−333形に、主抵抗器送風機新設、CPをDH−25形に交換、ブレーキ装置はC制御弁をA制御弁に交換した。第2本目を1982（昭和57）年に譲渡したが、先頭車が捻出できず中間電動車デハ5100形を東横車輌で既存車と同形態の先頭車に改造した。パンタグラフの位置は変更していないので、1両は後部に集電装置を備えていた。1991（平成3）年に昇圧し、東急7000系と交代したが今では全車が東急1000系になっている。

岳南鉄道は鋼体化車輌と小田急電鉄からの車輌で運用されていたが、1981（昭和56）年に全車輌を5000系に入れ替えることになった。McTc2両編成4本を希望されたが、先頭車を8両も提供できず、デハ5000形4両と中間車のデハ5100形1両、サハ5350形3両となり、4両は福島同様、東横車輌で先頭車化改造した。電車線電圧は1500Vなので、大きな改造はなく、前灯をシールドビーム化し、上部の標識灯を廃止した程度である。デハ5000形は奇数車と偶数車で向きが異なるが、回送経路を2種類にして現地で向きが揃うようにした。

熊本電気鉄道には1981（昭和56）年からデハ5000形が6両譲渡され、そのうち4両は両運転台化改造された。新設運転室は切妻の貫通口付きで、現地でも2両が両運転台化されている。電車線電圧は600Vのため、

64

上田交通を引退したデハ5001号は再び東急電鉄に戻り、新造当初の姿に復原された。現在は車体を切断して台車なども撤去された状態で渋谷駅ハチ公前に置かれている 1995年5月23日

MGをCLG-333形に、主抵抗器送風機新設、CPはデハ3450形のD-2-N形に交換した。

上田交通（現・上田電鉄）は丸窓電車などが付随車を牽引して終点で付け替えていたが、制御車にしてこの作業をなくす提案をし、1983（昭和58）年に余剰となっていたサハ5350形2両を制御車に改造することになった。改造を最小限にするため、運転室部は切妻非貫通構造として中央部に大きな窓を配し、ガラスは内側に8度傾け、側開戸はなく連結面も非貫通とした。前灯はシールドビーム2灯、室内灯は蛍光灯8灯直列接続とし、マスコンやブレーキ装置は在来車に合わせた。この車輌が好評で1986（昭和61）年に全車両5000系に統一ということになり、電車線電圧も1500Vに昇圧し、デハ5000形8両、デハ5200形2両をMcTc編成5本にして使用した。Tc車は電装解除した程度で大幅な改造はしていない。1993（平成5）年に東急7200系と交代し、デハ5001号は里帰りし、車体を切断して短くなり、渋谷駅ハチ公前に置かれている。

松本電気鉄道でも1986（昭和61）年に昇圧と同時に5000系に統一した。デハ5000形8両が譲渡され、2両が両運転台化、3両が制御車化された。両運転台化は熊本電鉄同様、切妻貫通口付きであった。

伊豆急行では100系更新工事時に台車の改造を容易にするためにサハ173・174号にサハ5373・5374号のTS-301F形台車を取り付けて一時使用した。

西日本鉄道では本線から宮地岳線に車輌が移る際、軌間が異なるので、5000系の台車を利用した時期があり、当初は120形に、のちに600形に使用された。このように5000系は全国各地で活躍したのである。

## 5200系

日本初のオールステンレスカーで、1958（昭和33）年にMTM3両編成1本を東急車輌で製作した。鋼体骨組は鋼製で、車体外板のみをステンレス鋼とし、台車、電機品は5000系と同一であるが、初めて天井に軸流送風機が採用された。ステンレスは錆びないので、外板を薄くすることができ軽量化が図れ、この車輌では厚さを1.0mmとして

第2章 高性能車の黎明期 65

いる。また塗装の必要がなく、定期検査時の外板の修繕・塗装にかかる時間が不要になり、経費を軽減できる大きなメリットがある。この車輌の結果が良好であったことから、のちの6000系以降の新造車は原則と

してステンレスカーとなり、現在では全車輌がステンレスカー化され、保守が容易になっている。

このステンレスカーは1956（昭和31）年、東急車輌の取締役社長吉次利二氏を団長

5200系は3両編成で登場　5200系デハ5201＋サハ5251＋デハ5202　渋谷　1959年2月1日／撮影＝荻原二郎

5200系は1964年4月に東横線から田園都市線に転籍した　二子新地　1965年4月22日／撮影＝荻原二郎

デハ5210形5211を中間に組み込み4両編成で走る5200系　宮前平　1975年5月22日／撮影＝荻原二郎

上田交通を引退したデハ5201号は再び東急電鉄に戻り、現在は総合車両製作所の「東急車輛産業遺産第1号」として保存されている　長津田検車区　1995年5月23日

とする中南米市場開拓の車両業界代表団がブラジルでバッド社製のオールステンレスカーを見る機会を得て、帰国後オールステンレスカーの検討を始められた。東急車輛独自設計の外板のみステンレス鋼を使用した車輛を試作したものであると、『東急車輛30年のあゆみ』に書かれている。

5200系は将来の日比谷線直通車両と合わせ、車体長が17.5m、全長18mとなり、一時期の東急車標準となった。側窓は2段式だが、上下のガラスが互いに自重でバランスをとるツルベ式、すなわち下段上昇、上段下降式となった。当初デハ5200形2両、サハ5250形1両であったが、のちに中間電動車デハ5210形1両を増備した。

池上線を除く各線で活躍したのち、上田

第2章 高性能車の黎明期　67

交通に譲渡されて使用され、1両は総合車両製作所、1両は上田電鉄に保存されている。

## 6000系

5000系は100両を超えて増備してきたが、さらに新技術を取り入れた車輌を1960（昭和35）年に6000系として製作した。車体は5200系で実績のあるステンレス製とし、外板に0.8mmのステンレス板を使用、出入口は1300mm幅の両開き扉を採用、全ての扉が6mの等間隔になるように配置した。1台の主電動機で2軸駆動することにより、電動機数を半減して建造費と保守費の軽減を図り、ドラムブレーキを使用することで台車構造を簡素化してブレーキ調整回帰の延長を図り、電力回生ブレーキを使用して電力消費量の節減も達成した。

電機品は東洋電機と東芝の2社で、制御方式、駆動方式も異なる4両編成2本が登場した。2両ユニット全電動車方式となり、東洋車の先頭車はデハ6000形、中間車はデハ6100形、東芝車はそれぞれデハ6200形とデハ6300形で、偶数車に主制御器とパンタグラフを、奇数車に電動発電機と電動空気圧縮機、そして蓄電池などの補機を搭載した。車体長は5200系以来の17.5m、全長18mである。東洋車は6000A編成、東芝車は6000B編成と呼ばれた。

台車はダイレクトマウント方式三段ベローズの空気ばね支持とし、軸ばねには筒形防振ゴムを使用して摺動部がない構造とし、保守を容易にした。A編成はTS-311形、B編成はTS-312形である。東洋車は平行カルダン方式、東芝車は直角カルダン方式で軸距も異なる。主電動機は電力回生ブレーキを行うので、複巻電動機を採用し、東洋車100kWのTDK-893A形、東芝車85kW定格のSE-571形である。制御装置は東洋車では電動機を4台直列に接続し、起動時

6000系は4両編成で登場　大岡山　1967年5月29日／撮影＝荻原二郎

は抵抗制御のみ行い、起動終了後は分巻界磁制御を行う。磁気増幅の採用により、惰行中は電機子電流0A制御を行う。

電機子回路は10段、分巻界磁回路は227段の分巻界磁調整器（FR）により制御される。東芝車は界磁制御を電動発電機と同軸で一体回転数で作動しているブースターで連続的に制御する方式であった。応荷重制御により定員の2.5倍まで加減速度が一定になった。空気ブレーキ装置は自動ブレーキ帯もある電磁直通方式のHSC-R式となり、回生ブレーキと連動する。量産車は東洋車を改良することになり、台車はTS-315形、主電動機出力を120kWに増強したTDK-893B形で、6000C編成として3本製造され計20両になった。電動空気圧縮機はA編成とC編成がC-1000形、B編成はRCP-40B形であったが、のちにB編成はC-1000形に

主電動機の出力を増強した6000C編成　6000系デハ6004～　青葉台　1967年3月11日／撮影＝荻原二郎

東芝車の6000B編成　6000系デハ6201～　宮前平　1978年6月2日／撮影＝荻原二郎

交換された。

ドラムブレーキと東芝車の回生方式には保守上の問題があり、基礎ブレーキは踏面ブレーキに改造、東芝車の回生ブレーキは廃止された。

のちにC編成は6両編成に組み替えが可能となったが、A編成とB編成はそれぞれ4両1編成しかなく、最後はA編成とB編成で8両編成を組成して東横線で使用された。特殊な車輌ということもあり、1980年代に3ユニットが日立・東洋電機・東芝3社によるインバータ制御の試験車に改造され、そのうちの1両はボルスタレス台車を取り付けて営業運転された。廃車後は弘南鉄道、日立製作所に譲渡されている。弘南鉄道では近年まで2両編成で使用された。日立製作所ではインバータ電車の試験車となった他、水戸工場の通勤用に内燃機関車に牽引されて使用された。

1980年代になりインバータ制御で交流電動機を駆動する試みが始まり、1982(昭和57)年に路面電車の熊本市交通局8200形で実用化された。1500V区間では試験の域を出ていなかったが、東急では次期車輌の制御装置として廃車予定の6000系を使用して試験をすることを決定、また台車も軽量化を図ったボルスタレス台車を試験することにした。

インバータ制御による誘導電動機駆動方式は主回路切換用のスイッチが不要になるので、メンテナンスフリー化、小型・軽量化が図れ、主電動機においては整流子がなく刷子を必要としないので定期的な点検が不要になり、整流の問題もないので最高回転数が向上し、電動機の小型化も図れる。粘着性能も優れ、ブレーキ時の回生率も向上させることができる利点もある。

電機品は日立・東洋電機・東芝3社の試験を行うことになり、まず1983(昭和58)年にデハ6202号の台車をボルスタレス式TS−1003形に交換、日立製EFD−K60形165kW主電動機4台を取り付け、日立製インバータ装置の制御による試験を開始した。この台車の心皿は牽引装置が積層ゴム方式、軸箱支持はペデスタル方式を踏襲した。まず構内で走行確認し、誘導障害試験も十分行い、深夜本線試運転を経て、1984(昭和59)年7月から9月にかけ大井町線で1500Vでは日本初の営業運転を行った。

その後、一旦インバータを取り外しメー

デハ6202号は1983年にインバータ制御の試験車として改造され、軽量化を図ったボルスタレス台車を取り付けて翌年から営業運転を開始した。1985年5月にはGTOサイリスタのインバータを取り付け、同年7月から営業運転を行った　長津田検車区　1985年7月

カーに返却して2次試作品の開発に入った。デハ6302号は台車を8000系のTS-807形を新製して交換した。東芝製インバータと160kWのSEA-308形主電動機を、デハ6002号はTS-807台車と、東洋電機製インバータとTDK-6200-A形165kWの主電動機をそれぞれ1984（昭和59）年に取り付け現車試験、1985（昭和60）年5月から営業運転を開始した。デハ6202号は1985（昭和60）年5月に新しいGTOサイリスタ4500V／2000A使用のインバータを取り付け同年7月から営業に入った。その結果により、量産品が発注され、翌1986（昭和61）年の9000系、7600系が登場することになった。

デハ6002号は1984年にインバータ制御の試験車に改造された　長津田検車区　1984年12月4日

デハ6202号のボルスタレス台車TS-1003形　長津田検車区　1985年7月

デハ6002号のインバータ装置　長津田検車区　1985年7月

デハ6002号はインバータ試験の改造に際して台車なども交換した　長津田検車区　1984年12月4日

# 他社へ渡った東急電鉄の車輌たち
## その2・高性能車の黎明期編

長野電鉄モハ2611+サハ2651+モハ2601（元・5000系デハ5033+サハ5367+デハ5036）　田上　1993年5月1日

岳南鉄道モハ5004+クハ5104（元・5000系デハ5049+サハ5364）　岳南富士岡～須津　1996年12月31日

上田交通モハ5004+クハ5054（元・5000系デハ5054+デハ5030）　上田　1988年6月1日

上田交通クハ291（元・5000系サハ5358）　上田　1985年4月28日

熊本電気鉄道デハ5043（元・5000系デハ5043）　北熊本　1988年1月29日

熊本電気鉄道モハ5101（元・5000系デハ5031）　北熊本　1991年8月30日

松本電気鉄道クハ5006＋モハ5005（元・5000系デハ5048＋デハ5055） 西松本　1991年7月27日

西日本鉄道600形台車（元・5000系台車）　貝塚　1991年8月29日

弘南鉄道デハ6006（元・6000系デハ6006）　中央弘前　1994年1月6日

福島交通デハ5023＋デハ5022（元・5000系デハ5110＋デハ5112）　桜水　1991年6月22日

上田交通モハ5201＋クハ5251（元・5200系デハ5201＋デハ5202）　別所温泉　1993年5月1日

日立製作所水戸工場・試験用車（元・6000系デハ6003＋デハ6104　勝田　1988年7月13日

第2章 高性能車の黎明期　73

# 第❸章
# オールステンレスカー時代

8000系(右)と8500系(中央) 鷺沼検車区 7200系(左) 鷺沼〜宮前平 1976年12月18日

7000系 宮前平 1966年4月20日／撮影＝荻原二郎

7600系 長津田検車区 1986年4月6日

# 7000系
# 7700系

　5200系、6000系のステンレスカーは普通鋼の鋼体にステンレスの外板を取り付けたもので、経年により内部の普通鋼が腐食してくる。アメリカでは鋼体もステンレス鋼のオールステンレスカーが実用化されており、東急車輛がバッド社と技術提携して日本初のオールステンレスカー7000系が1962（昭和37）年に生まれた。ここに至るには、当初は工場見学もなかなか認めないバッド社に東急車輛が折衝して「東急車輛は戦後派企業だが、日本でオールステンレスカーを立派にやりぬく意思と技術を持っている」と言い切った熱意によって、バッド社との技術提携の合意が成立し、1961（昭和36）年には東急車輛にオールステンレスカーの専門工場が完成した。

　東急車輛の役員は東急電鉄の常務取締役だった田中勇氏から「お前たちの習ってきたそのままの車でなければ作れないのであろう。日本式の注文を取り入れるのは、そのあとで良いのではないか」と言われたとのことである。これらは『東急車輛50年史』に記載されている。

　東横線と営団日比谷線直通運転用のため両社で詳細に規格仕様を協議し、最大幅が2800mmと地方鉄道車輛定規より広い寸法になった。床面高さは日比谷線の規格で1125mmと低い。形式は先頭車デハ7000形と中間車デハ7100形で、偶数車に主制御器とパンタグラフを、偶数車に補機を装備する。日比谷線直通用車輛は日比谷線用のATC車上装置や誘導無線が装備された。またパンタグラフの摺り板はブロイメットを使用している。

　車体は台枠の一部を除き、骨組から外

登場時の7000系には急行灯がなく、側窓に保護棒が設けられていた　7000系デハ7002〜　大倉山　1962年3月18日／撮影＝荻原二郎

第3章 オールステンレスカー時代　75

急行灯が設置され側窓の保護棒がない
7000系　7000系デハ7031～　渋谷
1969年3月25日

7000系は1965年より田園都市線にも配置された　7000系デハ7057～　青葉台～藤が丘
1966年4月19日／撮影＝荻原二郎

7000系こどもの国行き列車　7000系デハ7001～　長津田　1971年5月5日／撮影＝荻原二郎

室内更新が行われた7000系デハ7005　緑が丘　1982年7月11日／撮影＝荻原二郎

伊豆急行に貸し出された7000系デハ7049を先頭にした6両編成　伊豆高原　1965年9月1日／撮影=荻原二郎

板に至るまで、高抗張力ステンレス鋼を採用し、ショット溶接で組み立てられた。正面は3面折妻ですっきりしたデザインとなった。台車はバッド社の開発によるディスクブレーキ方式のパイオニアⅢ形TS-701形台車で軸距は2100㎜、横はりは中央で分割され、軸ばね、ペデスタル、下揺れ枕及び釣りリンクはない。このため、空車時と満車時の床面高さはほとんど変わらない。電動車なので、軸端にディスクブレーキが取り付けられた。

編成は6000系と同じ4両編成で、電機品は東洋電機で6000C編成に準じた電力回生ブレーキ付主制御装置ACRF-H860-754A形・757A形であるが、主電動機は60kW定格TDK-826A形で1台車に2台となり、平行カルダン駆動、8個の電動機が永久直列になるので、電動機の端子電圧は187.5Vである。

途中から日立製作所の電機品の車輌も増備され、こちらの電動機はHS-830Arb形70kW、直並列制御を行い、回生時の分巻界磁の電流をカム軸接触器で制御する方式の

MMC-HTR-10A形となり、日比谷線には入線せず主に急行列車に使用された。特性が異なることもあり、両者の併結は行わなかった。電動発電機は東洋車TDK-381A形、日立車HS-533-Jrb形で磁気増幅器の関係で出力が400Hzの交流である。7000系は先頭車デハ7000形64両、中間車デハ7100形70両の計134両になった。

東急車輌のオールステンレスカーは、のちに南海電気鉄道6000系、京王帝都電鉄3000系、国鉄キハ35形900番台、台湾鉄路局DR2700形ディーゼルカー、タイ国鉄ディーゼルカー、静岡鉄道1000形と続々と生まれている。

7000系は1963（昭和38）年にデハ7019・7020号車が小田急線で走行試験をしたこともあり、1964（昭和39）年から1966（昭和41）年夏には新車が6両ずつ伊豆急に貸し出されて活躍した。

1978（昭和53）年から室内更新が開始されたが少数で中止になり、廃車または7700系化改造することになった。日比谷線は新型1000系に置き換えたが、オールステンレス

第3章 オールステンレスカー時代　77

7700系クハ7901〜の試運転。竣工時は正面に赤帯はなかった　すずかけ台〜つくし野　1987年7月18日

車体は傷んでおらず十分使用できるので、地方私鉄で再利用できる車輌は譲渡し、残りは最新のインバータ制御に改造して使用することになった。このため、7000系は1両も解体することなく、56両を7700系に改造、78両を弘南鉄道、北陸鉄道、福島交通、秩父鉄道、水間鉄道、東急車輛に譲渡した。譲渡にあたっては5000系同様、改造工事を行った例も多い。

弘南鉄道はデハ3600形、デハ3400形などが譲渡されていたが、ステンレスカーの希望があり、1988（昭和63）年から24両が譲渡された。いずれも2両編成で大鰐線では日立車が、弘南線では東洋車が運用されているが、中間車に切妻運転室を設置した車輌もある。

北陸鉄道には1990（平成2）年にデハ7000形10両、デハ7100形4両が譲渡されたが、電圧が600Vのこともあり、台車と電機品はJR、西武、営団発生品に交換してMT編成となった。デハ7100形は切妻の先頭車に改造された。

水間鉄道は南海電気鉄道からの譲渡車を使用していたが、1990（平成2）年にデハ7000形6両、デハ7100形4両を譲渡した。デハ7100形は切妻構造の先頭車化と冷房化を行った。現在も4編成が更新されて運用されている。

福島交通は1991（平成3）年に1500Vへ昇圧、デハ7100形の東洋車16両が譲渡され、2両編成5本とラッシュ用3両編成2本となった。先頭車の譲渡はなく14両は弘南同様切妻構造の先頭車に改造した。3両編成はMTM編成となり、中間車は付随車化し主電動機への主回路配線を引き通している。これらは東急1000系に交代して廃車になっている。

秩父鉄道には1991（平成3）年に東洋車4両編成4本が譲渡され、貫通扉新設などの工事が行われた。すでに全車輌が廃車になっている。

最後まで残り、1988（昭和63）年にワンマ

7700系の晩年はワンマン化され、3両編成で池上線と多摩川線で活躍した 沼部〜鵜の木 2018年2月16日

7912F・7913F・7914Fの3編成は、正面中央部が黒、その両脇がL字型の赤帯となり、側面には赤帯が入った 7700系7912F 多摩川 2018年8月24日

ン化されてこどもの国線専用となっていたデハ7052・7057号の2両は東急車輛に譲渡され入換車として使用され、7052号は総合車両製作所に保存されている。

1987(昭和62)年から7000系は車体を活用して、台車は8000系に準じた軸ばね式構造に、主制御器は東洋電機製インバータ制御に、主電動機は170kW定格の誘導電動機に変更し、MT比1：1とし、冷房装置も設置、補助電源装置は大型の静止型インバータに一新して7700系とした。ブレーキ装置はHSC-Rのまま運転台をワンハンドルマスコンにしたが、のちにレスポンスの速いHRDA電気指令方式に改造された。デハ7700形、デハ7800形、クハ7900形、サハ7950形の4形式となり、当初6両編成で大井町線、のちに4両編成となり目蒲線で運用、最後は2M1Tの3両編成で池上線、多摩川線で使用していたが、2018(平成30)年11月に全車引退した。

池上線転籍時に4両編成3本を3両編成4本にすることになり、付随車3両から1編成を作る改造を行い、7915Fが1995(平成7)〜1996(平成8)年に生まれたが、その際新設する運転室妻は切妻構造とし、インバータはIBGTサイリスタを初めて採用した。この時発生したT台車はクハ7500形PⅢ台車のTS台車化更新に活用している。

目蒲線の目黒線化時に余剰となり廃車になった車輌のうち、3編成6両が十和田観光電鉄に譲渡された。前述の通り、7700系は新7000系の増備に伴い順次廃車されたが、6編成15両が養老鉄道に譲渡され一部クロスシート化などの改造を行い2019(平成31)

付随車3両から改造された7700系7915F。正面は切妻構造となり、東急で初めてIBGTサイリスタのインバータが採用された　長津田検車区　1996年7月11日

年4月から営業を開始した。同鉄道では近鉄時代から使用されている。1966(昭和41)〜1970(昭和45)年製の車輌が運用されているが、それよりも古い7700系に置き換えられるのは、台車、電機品が更新されていることと車体がステンレス製だからできることである。

## 7200系 7600系

7000系は全電動車方式だったので、コストダウンを図るためにMT編成を基本とした7200系が1967(昭和42)年から製作された。当初の形式はデハ7200形とクハ7500形で、7300と7400は中間車用に空けておいた。東急鉄道線全線に入線できるように、車体幅を地方鉄道車両定規の2744mmに収めたが、側の厚さや突き出し部分をできるだけ薄くすることにより、室内幅は7000系の2540mmに対し、2520mmとほぼ同等になっている。側窓は一段下降式にして立席客にも容易に扱えるようにしたが、これはオールステンレスカーとして初めての試みで、バッド社の車輌には実績がなく東急車輛が開発した独自の技術である。この一段窓は

その後多くの鉄道で採用されている。

正面は窓下帯部を頂点とし、断面が「く」の字に張り出すデザインを採用した。台車は軸距2100mm、M車は軸ばね式のTS-802形で踏面ブレーキ、T車はパイオニア式TS-707形で1軸1ディスクブレーキある。床面高さは電動車1170mm、制御車は1155mmである。これは軸ばねのないPⅢ台車では荷重によるばねのたわみがないので、定員乗車時に電動車と制御車の床面が揃うようになっている。

制御器、主電動機のメーカーは当初より日立と東洋電機の2社となり、電動発電機は東芝製となった。4個モーター制御になり、5000系同様直並列制御し、主電動機は日立製ＨＳ-833Irb形、東洋製TDK-841-A1形で出力110kWである。主制御器のシステムは7000系に準じているものの、7000系東洋車は直列制御のみであったが、7200系は力行、回生共に直並列制御する。日立車はMMC-HTR-10B形、東洋車はACRF-H4110-764A形で、日立車と東洋車の性能を合わせ、併結運転も可能にした。電動発電機は東芝製CLG-339形で出力は400Hzである。

7200系は2両2編成を連結した4両編成で登場　7200系クハ7501〜　溝の口　1967年4月29日／撮影＝荻原二郎

冷房化直後の7200系
デハ7251〜　宮前平
1972年3月22日／撮影＝荻原二郎

　ブレーキ装置はHSC-R方式であるが、6000系、7000系では自動ブレーキはA動作弁を使用し自動ブレーキ帯を有していたが、7200系では使用することがないのでM非常弁とし、非常ブレーキのみ作用する方式となり、電動空気圧縮機はHB-1500形を採用した。車内の送風機は、旋回式扇風機に変更している。

　試作的な意味もありアルミ車も2両製造された。のちに中間電動車デハ7300形、デハ7400形も増備され、3M1T編成も生まれた。両社の違いはデハ7400形にはMGやCPなどの補機を搭載し、デハ7300形にはなかったが、のちに3両編成化時にデハ7300形にも補機を搭載し差異はなくなった。最終的に目蒲線に新造された編成は東洋車

第3章 オールステンレスカー時代　81

7200系で1編成のみ製造されたアルミ試作車のクハ7500号＋デハ7200号　青葉台　1969年5月5日／撮影＝荻原二郎

2M1Tの3両編成で、冷房装置も取り付け、その電源には日立製HG-554G形90kVAの電動発電機を制御車に取り付けた。余談ながらこの1編成を増備するにあたり、現場の声で保守しやすい東洋車になったという。

アルミ車以外は冷房改造され、最終的には2M1Tの3両編成になった。冷房電源は最初に改造された編成は90kVAのＭＧだが、のちの車両はSIVになった。ここで余剰になった制御車はインバータ制御の7600系に改造された。7600系は東洋電機製のインバータで日本初の1C8M制御を採用し、1インバータで110kWの主電動機8台を制御した。のちに冗長性を得るために1C4Mに変更した。

登場時の7600系デハ7601＋デハ7651　長津田検車区　1986年4月6日

3両編成化後の7600系デハ7653 〜 沼部〜鵜の木 1988年2月13日

正面に赤帯が入った7600系デハ7653 長津田車両工場 1990年5月1日

　1991（平成3）年からクハ7500形のPⅢ台車をクハ8000形発生の2ディスクブレーキPⅢ－708形に交換した。クハ8000形の台車は2ディスク化改造されていたが、この頃TS－815台車に交換していたので、より安定したブレーキ力が得られるように配慮したものである。

　アルミ車2両は1991（平成3）年に動力車と電気検測車に改造された。7200系は廃車後、上田交通、豊橋鉄道、十和田観光電鉄に譲渡され、十和田の車両は同社の廃線後に大井川鐵道に移った。7600系は全車廃車になり解体された。

## 8000系

　8000系は新玉川線用8500系、軽量ステンレスカー8090系と共に、1969（昭和44）年度から1990（平成2）年度までに1次車から21次車が、1989（平成元）年度を除いた21年度の長期間に渡り677両が製造され、機器の統一により予備品などの有効利用が図れた。また、のちに登場した7600系、7700系、9000系、1000系のT輪軸も8000系TS815台車と共通であるなど、循環部品の共通化を図っている。

　国道246号線を主に走っていた軌道線の玉川線が1969（昭和44）年に廃止され地下鉄に生まれ変わることになった。当初は銀座線規格で計画されていたが、軌間1067mmの半蔵門線と相互直通運転する車輌は20m車とすることになり、その新玉川線用車輌として8000系が1969（昭和44）年に登場した。最大幅は7000系同様2800mmとなった。

　当時の最新技術を取り入れ、日本初の界磁チョッパ制御とワンハンドルマスコンを採用した。ブレーキは電気指令に、補助電源装置は静止型インバータ（SIV）、車輪は一体圧延とした。当初はTc2－M1－M2－M1－Tc1の5両編成でクハ8000形、主制御器、パンタグラフ付きデハ8100形（M1）、補機としてSIV、電動空気圧縮機、蓄電池を搭載のデハ8200形（M2）から構成されたが、6両編成にすることを前提としていたので、M2車に補機を2セット搭載した。

　車体は4ドア、一段下降式窓、正面は切妻となり、デハ8100形の上り寄りに両開きの貫通扉を設けた。20m4ドア車では出入口間の座席は7人掛けが一般的であるが、この車輌では多くの乗客が座れるように8人掛けとしたが、ドア脇のスペースが少なく乗降に支障が出ることもある。

　台車は7200系に準じたが主電動機出力が

第3章 オールステンレスカー時代　83

大きくなったので、M台車の軸距を2200mmにしたTS-807形、T台車はパイオニア式PⅢ-708形1軸1ディスクであった。のちに冷房化による重量増に対応するため2ディスク化、さらに軸ばね式のTS-815F形台車に交換した。

電機メーカーは保守を考え、装置別に発注することになり、主制御器は日立、補助電源装置は東芝、駆動装置・パンタグラフは東洋電機、主電動機は日立・東洋・東芝の共同設計とした。界磁チョッパ方式は電動機の界磁電流をサイリスタのチョッパ制御で行うもので、地下鉄などで普及した主回路チョッパ方式に比べ、制御する電流が小さいため、コストが低く、また高速からの回生ブレーキが可能で郊外電車には適しており、一時期民鉄各社で採用された。

8000系の主制御器は日立製MMC-HTR-20A形で、世界初の方式ゆえいろいろ問題点も発生したが改良を進めた。京王帝都電鉄の6000系にも採用され、東急でも1974（昭和49）年から改良したMMC-HTR-20C形に変更されている。その後、西武鉄道2000系などでも日立製が採用された。主電動機は共同設計なので、東急形式TKM-69形と称する。複巻電動機は整流が難しいが、各種のカーボンブラシを試験して最適なものを選択している。2両ユニット制御に戻り、主電動機は375V定格となったが、5両編成では電動車数が奇数なので、4個モーター制御車は直列のみとなる。そこで2ノッチ指令時も強制的に3ノッチが入りユニット車は直並列制御するようにした。

運転台は一般に右側にブレーキ弁、左側に主幹制御器を配し両手で運転していたが、ブレーキが電気指令になり、当時の車

両部長樋口周雄氏の考案で1本のハンドルで行えるようにした。操作方法は試行錯誤の末、体の自然な動きに合わせ、手前に引いて力行、奥に押してブレーキになった。海外では小さなハンドルで逆が多い。中央においたT型ハンドルは左右どちらの手でも扱えるので、運転中にスイッチ操作や無線、車掌との連絡通話が容易にできる。このT型ワンハンドルは首都圏ではJR線と相互直通する路線を除く、地下鉄相互直通車輌などに、関西でも阪急電鉄などに採用されるようになった。

ブレーキ装置はデジタル指令のHRD-2形で常時励磁方式とし、電源オフでブレーキが作用するようにしてフェールセーフとした。電動空気圧縮機はHB-2000形、補助電源装置は東芝製10kVAの静止型インバータBS-33-A-10形を採用、連結栓はユタカ製作所製84芯とした。

1969（昭和44）年度は1次車として5両編成5本が東横線に投入された。翌1970（昭和45）年度も5両編成5本が製造されたが、冷房化を考慮した準備車4本と、初めての冷房車8019F1本となった。また正面貫通口の上部角が1次車の角形からR形に変更し、車内見付も荷棚と吊手ブラケット一体方式から分離方式に、座席奥行を増して座り心地を改善した。

冷房準備車は屋根上にクーラーキセを設けていたので、冷房車を期待した乗客から不評であった。冷房化にあたっては、9.3kW（8000kcal/h）の分散形クーラーを4台搭載し、扇風機と併用する冷風冷房方式としたが、クーラー更新時に容量増を図った。冷房電源には140kVAのMGをクハ8000形奇数車に搭載した。1971（昭和46）年度の3次

車5本は冷房車となり、屋根上クーラーキセ横全長に歩み板を配置し、屋根上作業の安全を図った。1972(昭和47)年度の4次車6本では、また冷房準備車に戻ってしまったが、将来の長編成化に備え、クハ8000形偶数車も冷房MGを取り付けられるよう台枠を強化した。

1973(昭和48)年度として、1974(昭和49)年春に田園都市線に5次車として4両編成の8000系が5本投入された。編成は2M2Tとなり、同線はパンタグラフの擦り板がカーボンでもあり、また集電装置付き車輌が編成に1両なので離線対策としてパンタグラフが2台装備された。主抵抗器も8個から10個に増やして容量を増大させた。翌年には5両編成化され、のちにパンタグラフは1台撤去された。5次車は東横線5両編成の6両化用デハ8200形も製造され、当初の計画通り補機を既存車から移設した。

1974(昭和49)年度の6次車でもデハ8200形を新製して6両編成化、1979(昭和54)年度の11次車からサハ8300形を組み込み7両編成化、さらに端子電圧750V主電動機で直並列制御する4個モーター制御のデハ8400形も1981(昭和56)年度の13次車で増備して5M3Tの8両編成にしたが、加速性能向上の

田園都市線に登場した4両編成の5次車・8000系クハ8043〜　鷺沼検車区　1974年4月17日

ワンハンドルマスコンとなった8000系クハ8000形の運転台　1974年4月17日

8000系と8500系には電動広告が設けられていた
8000系クハ8030　1974年4月17日

第3章 オールステンレスカー時代　85

新玉川線用に乗り入れ改造が施された8000系クハ8035。8500系の中間車として使用された　元住吉検車区 1976年9月25日

5両編成化された田園都市線用の8000系5次車　8000系クハ8046〜　高津 1979年5月12日／撮影＝荻原二郎

　ため8両編成は全てユニット制御に改造した。サハ8300形はデハ8200形に、デハ8400形は2両を残してデハ8100形に改造したが、発生した機器と台車は他の新造車に転用して無駄にはしなかった。

　一時期、4次車と5次車の一部を新玉川線用仕様に改造して8500系の中間に連結して使用したこともある。この際、クハ8000形偶数車の冷房ＭＧ取り付け準備が役に立ち、新玉川線で使用したクハ8000形は全て冷房ＭＧが取り付けられた。

　1978（昭和53）年に車体を軽量化した初代デハ8400形（M2車）2両を製作して組み込んで営業運転に使用した。これは最初の試作軽量ステンレスカーである。この車輌は東急車輛が開発したコンピュータによる立体解析手法で、在来のステンレスカーより約2t軽量化し、鋼体重量を6tとアルミ車に匹敵する重量となった。外板はコルゲーションを廃し、ビード加工平板としたが、歪を見せないよう車体断面にRを持たせ、ドア部はステップが張り出した構造とした。この技術が国鉄をはじめ各社で採用され、オールステンレスカーが普及する礎になったといえる。その結果、1980（昭和55）年度から軽量ステンレスカー8090系を新造すると共に、増備車の車体構造を軽量化して屋根の形状などが変更された。

　8000系では1人でも多くの乗客が座れるようにドア間8人掛けとしていたが、ドア横

東急車輛が開発した初めての軽量ステンレスカーであるデハ8400形。試運転用に貫通口には前灯・尾灯が設けられている　デハ8400形8402　鷺沼検車区　1978年12月2日

正面に赤帯を設けた8000系クハ8005
緑が丘　1992年10月7日

更新後の8000系クハ8019〜。更新車判別のために正面中央部が黒、その両脇がL字型の赤帯となり、側面には赤帯が入った　元住吉検車区　1993年8月25日

第3章 オールステンレスカー時代　87

に立つ乗客により、乗降が阻害される問題があったが、これらの軽量車はドア間の座席を7人掛けとし、ドア横の立席スペースを確保して混雑緩和を図った。

1985（昭和60）年から非冷房仕様の1次車も冷房化している。8000系は1986（昭和61）年度の18次車まで中間車が増備され、最終的には187両が製作された。

1992（平成4）年から1997（平成9）年まで室内更新を施行し、側窓を5mmサッシレス化、妻窓固定化、座席を側出入口間8人掛けから7人掛けに変更したが、全車両には施行されなかった。廃車後は伊豆急行とジャカルタに譲渡されている。

伊豆急行は当初2M2Tの4両編成と1M1Tの2両編成で、4両編成は中間車をデハ8100形としパンタグラフを編成2台とした。2両編成はデハ8100形を先頭車化し制御電動車とした。のちに2両編成はMT編成からMM編成に改造、さらに運用の変更で全て2M1Tの3両編成に統一した。観光路線ということで、車内は海側にクロスシートを配している。

ジャカルタは2005（平成17）年から8両編成3本が譲渡され、現地で改造して使用している。

# 8500系

半蔵門線との相互直通運転について営団地下鉄と協議の結果、「曲線半径250m付帯で35‰の連続上り勾配が600m続く線路条件において全ユニット不動の先行列車を押し上げできるものとする」という条件が決まり、相互直通運転の編成は6両編成時5M1Tとなることになり、8000系を一部設計変更した8500系が1975（昭和50）年から投

入された。8000系6次車となる。

形式はデハ8500形（M1c）、デハ8600形（M2c）、デハ8700形（M1）、デハ8800形（M2）、サハ8900形（T）で、M1車に主制御器、M2車に補機、T車に冷房電源を搭載した。当初の編成は3M1Tの4両であったが、翌年5両編成化、新玉川線開業時は6両編成に、さらに8両編成化し、最後は10両編成になった。

主要機器は8000系と共通で、直通用仕様が追加されている。当初の車輌での主制御器はMMC-HTR-20C1形である。T台車はパイオニア式からM台車と同じ方式のTS-815形となり、基礎ブレーキは片押し踏面ブレーキにした。1983（昭和58）年から新造車は2ディスクブレーキ方式に変更、のちに全車改造している。床面高さは全車軸ばね式なので1170mmに統一された。またこの6次車から使用するねじがISOねじになった。

相互直通運転を行うにあたり、営団と東急で1972（昭和47）年11月から設計協議を開始し、規格仕様と申し合わせ事項をひとつひとつ検討し、規格仕様23項目、申し合わせ事項68項目の合意に至った。

規格仕様では建築および車両定規（現・車両限界）、編成、定員、車両性能、ピーク電流、制御方式、ブレーキ方式、車体寸法、最大集電装置間隔、車両構造、出入口構造、窓構造、運転室、連結器、列車保安制御装置、列車無線装置、列車情報装置、非常警報器、非常用戸閉解放コック、主幹制御器、標識灯、前照色、運転室機器配置を、申し合わせ事項でその詳細を定めた。

当時は制御方式として「チョッパ制御方式または直並列抵抗制御および他励界磁

チョッパ制御」となっていた。地下鉄ではチョッパ制御は電力消費量が少なく主抵抗器の発熱によるトンネル内温度上昇もないことから普及していたが、田園都市線のように駅間距離があり速度が高い線区ではシミュレーションしても電力消費量がさほど下がらず、界磁チョッパ制御が有利であると判断し、両者の方式を併用することになった。主回路チョッパ制御は多くの地下鉄で採用されたが、民鉄での採用例は少ない。国鉄では201系で採用されたものの、205系では添加励磁方式となった。

連結器は千代田線、有楽町線が密着連結器になっているが、日比谷線が自動連結器なので東急の自動連結器に揃えた。しかし東武線直通時には東武車は密着連結器に

4両編成の8500系デハ8501〜　鷺沼検車区　1975年2月24日

「鉄道友の会　ローレル賞」を受賞しヘッドマークを掲げる8500系　鷺沼検車区　1976年7月25日

8500系は1976年に5両編成化　8500系デハ8510～　つきみ野　1976年10月17日／撮影＝荻原二郎

東横線での使用に際し試運転を行う8500系デハ8517～　菊名　1976年3月27日／撮影＝荻原二郎

なった。今では密連が地下鉄相直線区では主流になっている感がある。

　保安装置は双方ともATCではあるが、当初の新玉川線内は地上に信号機を置くWS-ATCを検討したものの、信号機の建植数が多くなることもあり、半蔵門線と同じ車内信号式CS-ATCとなった。細部は異なるが車上装置は共用できる。当時、田園都市線はATSであり、ATS区間とATC区間切換時の防護について保安性を高めるため、検討議論した。

　運転台は営団と仕様を合わせることになり、一番問題となったのはマスコンであった。営団は従来のツーハンドルを、東急は8000系以来のワンハンドルを提案、営団の運転士さんに実際に車庫で運転して頂いた結果、半蔵門線に限り営団車もワンハンドルで統一することで了解いただいた。この件は営団車両部長をされた里田啓氏の著書『車両を作るという仕事』に「半蔵門線の計画　主幹制御器の問題だった。東急側のワンハンドル・マスコンの主張に対して、営団の、特に運転部が強硬に反対、従来方式にこだわった。……結局、営団の運転が折れて、ワンハンドルに落ち着いたのである」と述べられているが、東急の方が早く車輌を必要としていたので、なかなか決定せず大変であった。現在では相互直通しな

新玉川線試運転に出発する8500系デハ8525〜　鷺沼検車区　1977年1月22日

開業前の新玉川線で試運転を行う8500系デハ8625〜　三軒茶屋　1977年1月22日

　い丸ノ内線や銀座線でもT型ワンハンドルが採用され、多くの地下鉄相互直通路線の標準になった。

　その他、機器配置やスイッチの名称まで詳細に打ち合わせて統一し、非常時に併結した時は非常ブレーキやブザ回路などを接続する非常連結栓も設けている。運転台に故障表示などを行うことから号車表示も協議し、上り寄りを1号車と定めた。これらにより、引き通し線が増加し、連結栓は84芯＋55芯とした。運転台は8000系より高い位置に配置し、操作性を向上させている。

　集電装置は営団線内が剛体架線なので、追従特性を改善しゴムベローズ付とした

PT-4309S-A-M形とした。正面には東急交通部門のシンボルカラーである赤帯を配したが、営団車はラインカラーの紫である。

　新玉川線は保安装置がATCになり、当時機器が大きかったことから、運転室背面に配置し、運客仕切り窓はなくなった。クハ8000形に比べ運客仕切り壁が客室側に移動して側出入口に近くなり、この部分が混雑しやすくなってしまった。

　全車冷房仕様で製造したが、新玉川線隧道部は冷房を使用しなかったので、一部の車輌は冷房準備車であった。冷房電源は、6次車では8000系同様の電動発電機だったが、保守を楽にするために東芝で逆導通サ

第3章 オールステンレスカー時代　91

イリスタを使用した静止型インバータを新たに開発した。当初、東横線のクハ8029号に試作インバータを搭載して試験を行い、その結果をふまえて量産し、1975（昭和50）年度の7次車に取り付けたのだが、生産工程が間に合わず鷺沼に新車搬入後にSIVの取り付け工事を行ったこともあった。のちに素子は1984（昭和59）年度の16次車からGTOに変更し、初期の逆導通SIVはすでにIGBT使用のものに更新して交換している。

車体構造は1981（昭和56）年の13次車から軽量構造に変更した。1983（昭和58）年から10両編成が登場したが、貫通扉がデハ8100形上り寄りしかないため、7号車から10号車までの下り寄り4両の間に貫通扉がなく、走行時の風が吹き抜けるという苦情が出た。そこで、1983（昭和58）年度の15次車8631F以降ではデハ8500形の上り寄りに貫通扉を設置し、貫通扉間を最大3両に改良した。在来編成は9号車になるデハ8800形

試作インバータを搭載して試験を行った8000系クハ8029　元住吉検車区　1974年5月14日

8500系は13次車から車体は軽量構造に変更　8500系8635F　青葉台　2017年6月14日

片開き扉を車体の外側に追設したデハ8800形（左）と当初から貫通扉が設けられていたデハ8700形（右）　長津田車両工場　2008年11月14日

東急CATVの広告列車　8500系8637F　つくし野〜すずかけ台　1987年10月17日

東武線非乗り入れ車の8500系8606F。幕式の行先表示器が残る　溝の口　2019年1月6日

大井町線用の8500系5両編成　8500系8640F　緑が丘　2018年12月26日

　上り寄りに9000系に準じた片開き扉を車体外側に追設した。戸袋付としたので、当該部の妻窓は塞いでいる。

　1986（昭和61）年度の18次車8637F以降は9000系の設計を取り入れ、クーラー容量を11.6kW（10000kcal/h）に変更して平天井化、送風機はスイープファンの車輌とラインデリアの車輌がある。

　18次車の8638F〜8641Fは5両編成で製造し、2編成連結した10両編成では田園都市線で、5両編成では大井町線で使用できるように予備車を共通化した。各線に予備車は2編成以上あり、1編成が定期検査や改造工事に入場しても1編成を緊急予備として朝ラッシュ待機できるようにしている。これにより、大井町線の予備車を削減することが可能になった。のちにこの4編成は大井町線専用になった。日立製の1C8M制御インバータ試験車に1ユニットが改造された他、1990（平成2）年度に製造した最後の増備車1ユニットはインバータ制御となり、この2ユニットを1987（昭和62）年度の20次車である最終編成8642Fに組み込み、最終的には8500系は400両となった。1997（平成9）年から室内更新工事を開始したが、側窓はそのまま使用された。

　5000系の増備が始まり廃車になった車輌は、長野電鉄、伊豆急行、ジャカルタ、秩父鉄道に譲渡された。

　長野電鉄は2005（平成17）年からMTM編成6本が譲渡され、付随車に貫通引戸取り付け、主電動機の配線を引き通し、耐寒改造を行った。1編成だけ中間車を先頭車化している。

伊豆急行は2005(平成17)年に先頭車化したデハ8700形が1両だけ譲渡され、8000系と編成を組み使用されている。

ジャカルタは2006(平成18)年から10両編成を8本編成にして8本64両譲渡されたが、すでに廃車になった車輛もある。

秩父鉄道は2008(平成20)年にMTM編成2本が譲渡され、1本は中間車の先頭車改造である。8500系は2022年度までに2020系により置き換えられることが発表されて廃車が再開されている。

## 8090系

旧デハ8400形で実績を積んだ技術を使用し、軽量ステンレスカー量産車を1980(昭和55)年に7両編成1本新造した。8000系12次車となる。4M3T編成で、車体断面はR付きであるが、ホームとの隙間をなくすために、床面より屋根方向に1.75度、床下方向に7.93度内側に絞った構造とした。車体正面に1本、側面に2本の赤帯の識別帯を入れて、それまでのイメージを一新させた。

車体前面は非貫通3面折妻方式としたが、客室寸法は8000系と同一にしたため、運転室が狭くなった。これは当時の車両課長金邊秀雄氏によると担当役員横田二郎氏より「東急車輛のデザインで正面を折妻にするのは構わないが客室面積が狭くなるにはダメだ」という指示によるものだということである。主要機器は8000系と同一で、台車は8500系に順じているが、軽量化のためにブレーキシリンダ径が異なる。このように8000系と8500系双方の設計を取り入れたような車輛で、引き通し線は8000系より多い84芯＋42芯とした。

主制御器は8000系以来の界磁チョッパ方

7両編成で登場した8090系8091F　元住吉検車区　1980年12月21日

田園都市線を10両編成で走る8590系。正面は貫通式　8590系デハ8694〜　藤が丘　2019年1月21日

式だが、段数を多くしたMMC-HTR-20F形に変更、主電動機は軽量化したTKM-80形に変更した。これらは8000系、8500系の増備車も採用している。車輪は初めて波打車輪を採用した。

1981（昭和56）年度の13次車では4個モーター制御750V定格主電動機のデハ8490形を組み込み、5M3T編成とした。なお1984（昭和59）年度16次車の第4編成目から運転室を拡幅しているが、8500系よりは客室面積が広い。台車は8500系同様のTS台車であるが、1984（昭和59）年から8500系同様の2ディスクブレーキに変更した。踏面ブレーキ車ものちに改造してディスクブレーキ化している。

増備を重ね、4個モーター制御のデハ8490形を組み込み5M3T編成10本となったが、みなとみらい線相互直通運転が始まると地下区間を走行することから正面に貫通口が必要になり、8090系は3M2T編成10本に組み替え大井町線に転籍、抜き出した中間車は正面貫通式のデハ8590形、デハ8690形各5両を1988（昭和63）年度20次車として新製して、その中間に組み込み6M2T編成5本として総数90両となった。のちに10両編成化され、田園都市線に転籍した車輌もあったが、全車廃車になった。8090系は廃車後秩父鉄道に、8590系は富山地方鉄道に譲渡された。

秩父鉄道は2010（平成22）年から譲渡され、当初の編成が3両だったことからクハ8090形を電動車化し、2M1T編成7本としたが、のちに2両編成を譲渡することになりデハ8490形とデハ8290形各4両を先頭車化改造した。

富山地方鉄道は2013（平成25）年にデハ8590形2両とデハ8690形2両を譲渡して2M編成2本としており、加速性能が良く乗務員から好評だという。

# 他社へ渡った東急電鉄の車輌たち
## その3・オールステンレスカー時代編

弘南鉄道デハ7033＋デハ7034（元・7000系デハ7033＋デハ7034） 大鰐 2009年6月27日

弘南鉄道デハ7022＋デハ7012（元・7000系デハ7026＋デハ7025） 新里～運動公園前 2017年7月24日

弘南鉄道デハ7103＋デハ7153（元・7000系デハ7109＋デハ7108） 新里～運動公園前 2017年7月24日

北陸鉄道クハ7112＋モハ7102（元・7000系デハ7055＋デハ7056） 曾谷～道法寺 2016年7月25日

北陸鉄道モハ7201＋クハ7211（元・7000系デハ7136＋デハ7137） 井口～道法寺 2016年7月25日

水間鉄道デハ7052＋デハ7152（元・7000系デハ7110＋デハ7139） 水間 1992年8月27日

水間鉄道デハ1001+デハ1002（元・7000系デハ7010+デハ7009）　石才〜近義の里　2016年12月12日

水間鉄道デハ1008+デハ1007（元・7000系デハ7139+デハ7110）　近義の里〜石才　2016年12月12日

福島交通デハ7214+サハ7315+デハ7113（元・7000系デハ7129+デハ7134+デハ7140）　医王寺前〜花水坂　2017年7月26日

秩父鉄道デハ2304+デハ2204+デハ2104+デハ2004（元・7000系デハ7028+デハ7145+デハ7146+デハ7061）　広瀬河原　1991年12月6日

十和田観光電鉄クハ7901+モハ7701（元・7700系クハ7904+デハ7704）　三沢　2008年6月21日

第3章 オールステンレスカー時代　97

十和田観光電鉄モハ7305（元・7200系デハ7259） 七百車両区 2009年6月28日

大井川鐵道モハ7204＋モハ7305（元・デハ7211＋デハ7259）※十和田観光電鉄モハ7204・モハ7035を譲受 下泉 2015年4月14日

豊橋鉄道モ1805＋モ1855＋ク2805（元・7200系デハ7208＋デハ7302＋クハ7508） 杉山 2009年3月29日

上田電鉄クハ7552＋デハ7252（元・7200系クハ7557＋デハ7252） 大学前～下之郷 2008年8月1日

KCJ社（インドネシア・ジャカルタ）8007F（元・8000系クハ8039＋デハ8245＋8500系デハ8711＋デハ8832＋デハ8735＋8000系デハ8204＋デハ8108＋クハ8008）※車番振替・中間車交換後 Manggarai 2015年12月7日

伊豆急行クモハ8152＋モハ8207＋クハ8017（元・8500系デハ8723＋8000系デハ8116＋クハ8015） 片瀬白田 2016年7月18日

長野電鉄デハ8502＋サハ8552＋デハ8512（元・8500系デハ8502＋サハ8908＋デハ8602）　朝陽　2018年10月2日

秩父鉄道デハ7202＋サハ7102＋デハ7002（元・8500系デハ8809＋サハ8926＋デハ8709）　武川　2016年9月30日

秩父鉄道クハ7707＋デハ7607＋デハ7507（元・8090系クハ8090＋デハ8190＋クハ8089）　武川　2016年9月30日

秩父鉄道デハ7804＋クハ7904（元・8090系デハ8495＋デハ8280）　武川　2016年9月30日

富山地方鉄道モハ17484＋モハ17483（元・8590系デハ8693＋デハ8593）　寺田　2016年10月12日

第3章 オールステンレスカー時代　99

東急電鉄にゆかりのある
エキスパートインタビュー
2人目・内田博行さん

# ステンレス車における車輛製造の現場

聞き手＝荻原俊夫
構成＝池口英司

○内田 博行（うちだ・ひろゆき）
1949（昭和24）年、神奈川県生まれ。1972（昭和47）年東急車輛製造株式会社に入社し、設計部・台車設計、車体設計及び製造部で勤務。車体設計では東急8400形、京王電鉄3000系、6000系、7000系、8000系、1000N系、横浜市交2000系、京成AE100形、小田急3000系2次車、JR東日本253系、255系、E217系、E231系、E2系、E993系の設計に関与。

## 強度計算に明け暮れた仕事

―― 内田さんに何をお伺いするべきか、いろいろ考えてみたのですが、やはりまずお伺いしなければならないのは、車輛製造におけるご苦労をされた話ではないかと（笑）。

**内田** 私が東急車輛製造に入りましたのは1972（昭和47）年です。ですから東急7000系ができて10年経った時ということになりますね。その頃にはオールステンレス車が500両を超えました。

入社して研修期間が終わると、私は台車設計に配属になりました。私自身、学生時代から台車に興味を持っていましたから、希望が叶ったということになります。3年後に車体設計の方に異動となり、軽量ステンレス車体の開発に携わりました。今思うと、私が鉄道が好きだということを当時車体設計におりました木村主任技師に見抜かれていたということですね。

―― 車体設計というと、とても華やかな仕事であるように感じます。

**内田** 台車設計は、仕事の3分の1は強度計算、強度解析でした。今思うと、それがあって車体設計に異動になったのではないかと思います。

軽量ステンレス車体のプロジェクトチームに異動して、まず何をさせられたかというと強度解析です。当時の車体の強度解析というのは、鉄道技術研究所の吉峰さんが開発した吉峰法によって計算を行っていたのですが、これが非常に難しい計算方法でしたので、専門的な知識を習得していた解析課が計算を行っていました。

私が軽量ステンレス車のプロジェクトチームに移った頃に、アメリカからコンピュータを使って解析する有限要素法という新しい計算プログラムが入ってきました。ただ、この計算も面倒なものなので、誰もやろうとしない。だから、台車設計で計算に慣れていた私に異

動命令が出たのかなと、そんな気もします。それまでは設計部と解析課が別部門となっていて、設計がひとつの案を練り上げると、強度解析を解析課にお願いします。しかしそれでは時間がかかっていましたので、このプロジェクトでは設計担当が内部ですぐに有限要素法を使って解析を行えるようにしました。

初めは構体を組むアイデアに対して解析を行っていたのですが、それではいつまでもデータが蓄積されません。そこで私はマトリックスを作りました。例えば車体のある場所に補強を入れた時、重量が何キロ増え、そして車体のたわみが何ミリ減るのかを各項目ごとに計算できるようにしました。次に複数のアイデアを組み合わせて、重量がどれくらい増えて、たわみが何ミリ減るのかを理解できるようにしました。これと平行して試作構体を設計しました。

――8400形の時は試験構体を作りましたよね。

**内田** 作りました。あくまでも試験のための構体なので、試験が終われば構体は廃棄することになっていましたので、安心していろいろな試験が行えました。通常、荷重試験を行う現車は、試験終了後には営業車輛に使用しますから、試験構体でもある程度の余裕を持って設計します。けれどもこの試験構体ではそ

の必要がありませんから限界設計をしました。外板補強や骨組にしても通常より薄い厚さのものから試験を行い、弱い箇所が見つかれば補強を追加していきました。

例えば外板の補強材には、通常は使用しない0.4㎜厚のものを使用してみる。そこに荷重をかけると、すぐにパーンと音がしてスポット溶接が外れてしまう。そこで次は0.6㎜厚の板を使用して、また荷重をかける。そういった繰り返しの実証試験をしました。試験で、梁であるとかその他の部品に対しても同じような方法で弱い箇所には補強を追加して試験を行っています。

## ステンレス車と軽量ステンレス車

――ステンレス車と、俗に言う軽量ステンレス車の違いというのはどこにあるのでしょう？

**内田** 東急7000系はバッド社との技術提携で製作方法を習得し、部材の結合方法をスポット溶接、あるいはガセット結合という形で構体製作を行っていたわけですが、最初はバッド社のやり方を見習おうということで、与えられた図面をそのまま踏襲していました。それによって東急7000系が完成したのですが、次の南海6000系は既存の車輛に合わせて先頭部や側と屋根の結合部に丸みを持たせた設計を行いました。3番目の京王帝都

東急車輛が開発したコンピュータによる立体解析手法で製造されたデハ8400形8402　鷺沼検車区　1978年12月2日

ステンレス車における車輛製造の現場　101

の3000系ではバッド社のモデル車でも採用していた先頭上部にFRP成形品を取り付け、7色の塗装で意匠性を持たせました。

そういった製造の流れがあり、基本的な構体構造は鋼製車体とあまり変わりはありませんが、外板にスポット溶接によるひずみを目立たなくするためコルゲーションという波板を使用しています。軽量ステンレス車ではコルゲーションをやめてビード付きの平板に変更しました。外板をコルゲーションから平板に変えることで実は軽量化できるのです。

使用するステンレス鋼も炭素を0.03％に減少させて溶接性を良くしたSUS301Lを開発しました。冷間圧延の調質工程でもDLT、HTを追加して5段階の強度区分を作りました。また骨組の断面をハット型にし、平板と組み合わせることで強度の強い箱形断面となり、骨組の板厚を下げることができました。これらの要素を取り入れて軽量化したのが軽量ステンレス車の基本的な考え方です。

だからといって、とにかく素材強度の強いものだけを使っていれば良いのかというと、そうではありません。ここが重要なところなのですが、5段階の調質材を適材適所で使用していかないと強度と品質（見栄え）を確保できないのです。

―― 車輌を軽量化すれば、軌道への負担が減ります。けれども、まず目に見える効果は、電力費が軽減できることです。これは非常にわかりやすい経費節減になります。

内田　東急車輌が東急8090系で軽量ステンレス車を作りました。1970年代に勃発したいわゆる「オイルショック」をきっかけに「省エネ」が叫ばれるようになり、軽量ステンレス車輌を開発し、東急8090系が誕生したわけですが、その効果は電力費の削減として評価されました。

そして8090系は軽量化のメリットを生かし、8000系の8両編成（6M2T）から性能を変えずに7両編成（4M3T）で登場しました。これをきっかけに新たに東武鉄道が9000系を、京成電鉄が3600形を、横浜市交が2000系を軽量ステンレス車として採用頂きました。そして1985（昭和60）年には国鉄が205系、211系で採用して頂き、本格的なステンレス車輌時代を迎えることになりました。

―― 東急車輌が製作したものについていえば、軽量ステンレスと表現して良いのでしょうか？

内田　そうですね。それは大丈夫です。新技術が確立した後は構体まで含めて昔の構造に戻すことはしませんから。車体製造の技術というものは本当に日進月歩なのです。

アルミ試作車の7200系クハ7500号（左）とステンレス車の7000系（右）　梶が谷
1968年12月30日

8090系8091F　元住吉検車区　1980年12月21日

　例えば、ステンレス車体にはビードプレスというものがあります。これは車体のひずみが発生するのを抑えるために、外板にプレスリブを入れるものです。従来のコルゲート方式よりも車体をすっきりとした形状にすることができるので、車輛洗浄の負担を軽減するという面においてもアドバンテージがあるのですが、ビードプレスを採用した外板は当初、車体の裾を折り曲げる形状のものしか採用ができなかったので、ユーザーさんからストレートの車体でビードプレスにしてくれないかというリクエストもあったのですが、それは作れませんとお断りをしてきました。

　ただある時、「多少のひずみが出ても良いから、ストレート車体でビードプレスにしてほしい」という要望がありました。それを現場に持ち帰りましたら、やはりそれは作れないと言われてしまいました。出入口間のモックアップを作り、いろいろな案を試行錯誤しましたがひずみは発生しました。

　ところが現場で議論していた時、現場の係長が銅板の板を持ってきて、ステンレス鋼と溶接機のチップの間に挟んで打ったところ綺麗にできました。そうすることによって、スポット時に発生する熱を逃がすことができ、ストレート車体でもビードプレスにすることが可能になったのです。

　その新技術を用いて車輛が完成し工場の留置線に置いていた時に、旧工法で製作した車輛の完成検査に訪れたユーザーさんから「ストレート車体でビードプレスは作れないと言っていたのにできるじゃないか」と言われてしまいました。「いや、その後になって新技術が開発されたものですから、ようやくのことで作れるようになったのです」と説明して、「それでは次から、当社の車輛についても、ストレート車体のビードプレスで頼む」と納得して頂きました。

　ですから、趣味誌などの報道では、読者の方は新形式車輛が出た時に技術が一足飛びで進歩したような印象を受けるかもしれませんが、実際の現場では、ある私鉄に納品した車輛で最初の技術が用いられ、次に例えばJRに納品した車輛でその技術の改良が反映され、次にまた別の私鉄に納品した車輛でまた技術が改良されてコストダウンも実現している、というような流れがあるわけです。1社だけの技術の進歩にとらわれることなく、複数の鉄道事業者の車輛に対してどのように新技術が用いられているのかに注目すれば、車輛技術の進歩をより総体的に把握することができるようになります。

ステンレス車における車輛製造の現場　103

## 限界のない車輌技術の発展

―― 1980年代になるとボルスタレス台車という新技術が登場しました。あの方式では枕梁を省略することで、車輌の軽量化が実現したわけですが、メーカーサイドとしては、どのように検証していったのでしょうか?

**内田** ボルスタレス台車が軽量化に寄与することは明確でありました。東急車輌では1978(昭和53)年に試作台車を製作し東急3000系に取り付けて走行試験を行いました。その後、1983(昭和58)年にも試作台車TS―1003を製作し東急6000系に取り付けて走行試験を行いました。この試験結果が良好でありましたので、1986(昭和61)年に製作しました新形式車の東急9000系でTS―1004、1005として採用頂きました。台車には軸箱支持装置というものがありますが、9000系では8000系で使い慣れているペデスタル方式を採用しました。新5000系では当時東急車輌の台車の標準であった軸梁式を採用して頂きました。

余談ですが、1984(昭和59)年頃に国鉄でもボルスタレス台車の開発を行っていました。そこで1983(昭和58)年に製作しましたボルスタレス試作台車TS―1003を提案したところ、日本車輌の試作台車と共に採用となり、日本車輌との共同設計で国鉄通勤形ボルスタレス試作台車TR―911を製作しました。この試作台車も試験走行で良好であったため、国鉄初のステンレス電車205系の台車DT50、TR235に採用されました。9000系用に開発してきましたボルスタレス台車のDNAは国鉄のボルスタレス台車にも生かされています。

そして技術の検証というのは台車ばかりでなく車体でも同様で、課題をひとつずつクリアしてゆくということです。昭和50年代ぐらいに遡りますと、確かにコンピュータはありましたけれど、私たちが手にできるような機械ではまだ演算能力が小さく、車体の構造計算などには大型コンピュータを借りて作業していました。大型コンピュータを使用する費用についても、開発の総予算の中にどこまで含んで良いものなのか、そのようなことまで考えながら当時はプロジェクトを進めていましたね。

―― それでも鉄道車輌というものは、実際に完成してみないとわからない、計算だけでは突き止めることができない部分がありますよね。これが電気であれば計算できる。けれども車輌となると、計算だけではわからない部分があるように感じます。

**内田** 私たちメーカーはマトリックスを作り、計算を何回も繰り返しますが、確かにそのような部分があることは事実ですね。私たちも実車が出てから気付くこともあります。それには時間が必要とされます。そうしているうちに、今度はユーザーさんサイドの要求が変わってきます。

今は鉄道車輌が循環型社会に適応しているのかどうかが求められます。ステンレスが良いのか、アルミが良いのかという議論は昔からありましたが、今はそれが素材の比重やイニシャルコストだけではなくリサイクルが可能であるのかが問われるようになってきました。これは私たちにとっても新たな研究課題となっています。車輌技術に限界はないわけで、読者の方には、車輌の素材ひとつだけとってみても、そこには膨大な量の研究が蓄積された結果であるという点に着目してほしいと思います。

東急電鉄にゆかりのある
エキスパートインタビュー
3人目・佐藤公一さん

# 相互直通運転に向けた協議の実情

聞き手=荻原俊夫
構成=池口英司

○佐藤 公一（さとう・きんいち）
1947（昭和22）年、秋田県生まれ。1974（昭和49）年に帝都高速度交通営団（現・東京メトロ）に入社し、綾瀬工場、車両部で勤務し1977（昭和52）年から1983（昭和58）年まで、6000系、7000系、8000系、01系の新製に関与。その後運転部に移り、輸送設備計画、相互直通運転計画、輸送計画、運転保安等の業務に従事、その後運輸部、総合安全・技術室等を経て、2004（平成16）年退職。

## 鉄道事業者が学びあえる相互直通運転

—— 佐藤さんには営団地下鉄、現在の東京メトロにお勤めの頃からお世話になっていたのですが、今回は相互直通運転を行う際の苦労話のようなものをお伺いできればと考えております。

**佐藤** 私たちがお互いに担当者だったのは、日比谷線に東急の1000系が入線するという計画があった時でした。それ以前の田園都市線と半蔵門線の相互直通運転開始の時代は、私たちはまだ下っ端でしたから、会議で発言することもなかなか難しかったですね（笑）。

—— 東急と営団地下鉄の相互直通運転は、1964（昭和39）年に東横線と日比谷線の間で始められましたが、その時と比較すると、後年の相互乗り入れ開始時には、運転台の機器の配置を統一するなど、現場への注文が増えたという印象があります。

**佐藤** 日比谷線の時は相互直通運転の最初でしたから、最低限の事項だけ車輌設計上で統一を取った。けれども営団地下鉄にとっては、その後に東西線、千代田線の例があった。この時に相互直通運転の相手が"大国鉄"でしたから、かなり多くの内容統一の要望が先方からあった。その流れがあり、半蔵門線の時には、統一事項が多くなったということですね。

—— でも、乗務員にとっては、むしろその"がんじがらめ"があった方が楽なのかもしれませんね。

**佐藤** そうだと思います。

—— ただ、準備をする時は大変になります。営団さんの運転担当者と、東急の運転担当者の言うことが噛み合わないということもありました。

**佐藤** 一番の問題だったのは、マスコンの統一でした。ワンハンドル式のマスコンは、当時はまだ東急さんの8000系しか例がなかったですからね。ワンハンドルにした場合に押

相互直通運転に向けた協議の実情　105

して力行なのか、引いて力行なのか、そのどちらが良いのかは意見が分かれました。従来のツーハンドル車の場合は、東西線以降の千代田線、有楽町線の車両のマスコンは、国鉄車に合わせて押して力行という方式が採用されています。

　それでは半蔵門線ではどうしようか？　ということになったのですが、最終的には引いて力行というスタイルが採用されました。ワンハンドル式マスコンの良いところは、運転台の運転士さんの足元が広くなることで、そうなると乗務員の作業性が向上します。心配したのは、青山一丁目まで開業した時に、青山一丁目と永田町の間に35‰の勾配がある場所で折り返しを行ったのです。そうすると、ツーハンドルだったらブレーキをかけながら力行するという、言うなれば坂道発進ができるけれども、ワンハンドルだったらどうするんだ？　と、そういう問題が出ました。そこでブレーキをかけながら力行できるように、勾配起動スイッチが追加されましたね。

　──あのスイッチは8500系に初めて付けました。

**佐藤**　あの時は東急さんが理解してくれて、勾配起動スイッチを付けてくれた。このスイッチのお陰でワンハンドルマスコンの弱点が解消されたのです。それはどういうことかというと、行き止まりの留置線で停止位置の手前で一旦停止した後にこのスイッチを使用しながら力行することで、停止位置まで車両を小移動させることができるわけです。

　そういう装置の追加などは、営団側からの要望を東急さんは非常に真摯に対応してくれましたね。意見が対立したり、言い合った後でも、営団が要望していることはその意味をきちんと理解して、必ず対応してくれた。

　──私たち東急側が驚かされたのは、マスコン、ブレーキの「抜き取り」の位置まで細かく要望が出てきたことでした。

**佐藤**　それは営団が国鉄との相互乗り入れを行った上で学んだことでした。またブレーキハンドルに「抜き取り」位置を設けることで、折り返しなどで運転台の位置を変える場合に、ATCなどの保安装置との関連付けができるのです。

　──東急側も、営団さんに乗り入れができない車については、後から順次改造を行って「抜き取り」位置を追加しました。それによって

半蔵門線との相互直通運転に伴い8000系を一部設計変更して登場した8500系　宮崎台　1992年8月22日

ATCに関連する保安装置との関連付けができて、安全性が高まりました。営団さんに教えて頂いたことは、「抜き取り」位置の扱いが、運転士がその車輌を動かす意志を決定するものであるという考え方です。

**佐藤** でも、東急さんは8000系にはこだわらなかったですね。8000系は乗り入れ対応車として開発された車輌でしたが、半蔵門線の乗り入れに使用されたのは8500系で、さらなる改良が施された車輌でした。

―― あの時は、営団さんがワンハンドルマスコンの使用に難色を示すことも想定して、電気指令式のツーハンドルも検討していました。

その後、「ワンハンドル車の東急の要望を受け入れて貰えたのだから、後はもう全部、営団さんの言うことを聞こうか」と、仲間内では冗談を言い合っていました（笑）。

**佐藤** スイッチ類のつまみの色まで共通化しましたね。

―― 機器の配置からスイッチ類のつまみ配色まで、ウイン-ウインの関係になることを基本にして、それこそ時間をかけて喧々諤々やり合いましたね。

## 苦労した車輌使用料の算出

―― 営団さんの場合、乗り入れ車輌によって運転操作の方式が異なることがあります。当然、乗務員の異動もあると思うのですが、機器操作に不慣れが生じるなどの問題はありませんか？

**佐藤** 営団の場合は、路線ごとに性格が異なりますから、乗務員の好みというのは多少あるかもしれませんが、転勤などで担当路線が変わる場合には、習熟運転を実施しますから問題ありません。それよりも問題なのは車輌の方で、東西線には快速列車がありますが、同じ車輌を快速ばかりに入れないように留意する必要があります。快速で行った車輌は、帰りは各駅停車で帰ってくるという運用にします。そうしないと、特定の車輌だけ走行距離が延びてしまうからです。

―― それは東急でも同じですね。走行距離が延びるということは、車輌の検査周期に影響しますから、留意が必要です。他の私鉄のように、特急専用車というものを開発してしまえば、走行距離の調整という問題からは解放されるわけですが。

運転頻度が高い路線は、車輌が走行している時間が長いということですから、運転頻度の低い路線の車輌よりも、当然走行キロは大きくなります。

**佐藤** 走行距離の長い路線は、走行時間に

日本で初めてワンハンドルマスコンを採用した8000系　宮前平　1975年5月22日／撮影＝荻原二郎

相互直通運転に向けた協議の実情　107

対する折り返し時間も短くなる傾向がありますから、これも車輌の走行キロを伸ばして、工場入場周期を短くする一因になりますね。

―― 相互直通運転に使用する車輌は、鉄道事業者間で走行距離を揃える工夫をしていますが、この考え方は問題のないものなのでしょうか？

佐藤　ダイヤを組む時に、自社の車輌の、他社線内の走行距離が、それぞれ同じになるように設定します。

―― 昔は、車輌使用料のやり取りで調整していた時もありましたね。

佐藤　当初は走行キロの貸し借りで精算していたのですが、いわゆる物々交換は適切でないとのことで、1車1キロ走行あたりの車輌使用料金を算出するようになったわけです。このようにして算出した毎月の他社車輌が自社線内を走った走行距離の車輌使用料金に消費税額を加えたものを相手社に支払い、その逆の場合の税込料金をもらうようにして両社間で料金のやり取りをしています。

―― 年度予算を組む際に、最初から車輌の使用料という項目が計上されています。

佐藤　使用料金の算出方式など細部にわたる内容を、両社間で協定を定めていますね。

―― 相互直通運転を行う場合には、車輌だけでなく、両社の路線が接続する駅は両社が共同で使用する共同使用駅ということになり、こちらの使用料の算出などは難しかったですね。

佐藤　例えば共同使用駅では会社別の財産区分と、管理している鉄道の管理区分が複雑に絡み合っている場合が多く、管理委託費用の算出や設備改良を行う場合の費用負担割合を決める場合など、難しいケースが多々ありました。

―― 施設が営団によって作られた関係で、東急線内に電力のセクションがあるという例もありますね。半蔵門線の渋谷駅から東急線内にあるセクションまでの間は、営団の変電所から給電されていますから、渋谷駅を発車する半蔵門線（新玉川線）の下り列車は、営団の電力を使って加速している（笑）。その支払いの金額についても、簡単には決まりませんでしたね。

佐藤　区分セクションには両社のき電システム間を流れる、いわゆる融通電力を記録する電力量計を設置していて、厳密な算出は難しいですね。

半蔵門線開業から約3年後に投入された営団8000系。同線初の営団車として田園都市線に乗り入れを開始した　長津田検車区　1981年3月2日

## 次々に発生する検討事項

―― この他に相互直通運転を行う場合に大変なのは要員の確保ではないかと思います。

**佐藤** 半蔵門線が開通すると東急側からはどんどん列車がやって来るようになりました。それでも渋谷から先は輸送需要が落ちる。それは多くのお客さんが渋谷で乗り換えるからですね。けれども、渋谷駅の構造が1面2線の構造で、田園都市線方へ簡単に列車の折り返しはできません。

折り返し線が設けられているのは半蔵門駅です。渋谷で輸送の役割の大半を終えた列車もそこまで回送しなければならない。しかも、半蔵門駅に設けられているのはY線であって、この設備だと折り返しをできる列車の数というのは1時間あたり最大6〜7本といったところです。渋谷側からはどんどん列車がやって来ます。半蔵門駅の折り返し能力を超えた列車は、当時半蔵門線の終端であった水天宮前駅まで回送しなければならない。するとそれだけの回送列車を運行する要員の手配をどのように考えてゆくのか、そういった難しい問題が出ます。

理想を言うのであれば、渋谷のように輸送力に段差が生じる駅には、余裕のある設備を設けて、簡単に折り返し列車が設定できるようにしなければならない。後から作られた副都心線の渋谷駅は2面4線の規模がありますから折り返しが可能となり、半蔵門線の教訓が生かされています。

―― 半蔵門線の渋谷駅を作った時は、駅を設けるための十分なスペースがなかったという背景がありましたね。地下駅といっても、深く掘ってどこにでも自由に作れば良いというわけではありませんから、難しい問題です。

**佐藤** 輸送需要の段差の問題は様々な影響を後々にまで残す難しい問題ですね。半蔵門線の場合でいえば、三越前駅まで延伸開業した時に都心方面までのお客様の入り込みが増えましたね。半蔵門駅が終点であった時代は、渋谷から先は、いわゆる空気を運んでいるような状態でした。

―― 半蔵門線の車両基地は、長津田検車区と鷺沼検車区ということで勤務地が近いことから、当時の上司は頻繁に会っていたようです。

相互直通関係の協定書類を作るのも大変でした。今のようにパソコンなどありはしない。全部手書きでしたから。打ち合わせをするにしても、担当者は「これから先方に出向くから」と、所在地を常に電話連絡しなければならなかった。今のように携帯電話もメールもない時代です。連絡するのにも気を使いましたね。

**佐藤** そんな時代でしたね。今であればしなくても良い苦労と言いますか、手間がかかった時代でしたね。営団が作る協定書類は読みやすかったと思います。きちんと印刷所に出して活版印刷していましたから。

―― 私たちが相互直通運転の実務に携わっていた当時は、相互直通運転を実施する上で、そういう細部の事柄を協議し、共同使用駅の使用料や車輌の電力消費量も決定して、界磁チョッパ車と電機子チョッパの電力消費量の違いなども考慮してきました。早いもので半世紀が経ち、その間に使用する車輌も代替わりしましたが、基本的な考え方は変わっていないと思います。

**佐藤** 相互直通運転というのは、お客様にとっては便利だけれども、陰の苦労というのはもの凄いですよ。きっとまだここに紹介しきれていない話題、話のネタがあるに違いありません。

# 第4章
# インバータ制御第一世代

9000系　東白楽　2003年2月9日

1000系　蒲田　1997年11月24日

2000系　等々力　2018年12月27日

# 9000系

　6000系で試験したインバータ制御とボルスタレス台車の実績を踏まえ、1986（昭和61）年に9000系が誕生した。7000系以来のオールステンレス回生車の伝統を踏襲しながら、省エネルギー、保守性の向上、運転操作性・居住性・乗り心地の改善を基本理念に設計した。車体は8090系以来の軽量ステンレス構造であるが、車体断面は垂直に変更した。正面は切妻構造として床面積の有効利用を図り、運転台コンソールを広くし、貫通口を車掌台側に寄せた構造とした。新しい運転台を設計するにあたりモックアップを製作し、運転士の意見を十分取り入れて製作している。

　9000系設計時の車両課長であった宮田道一氏は担当役員であった横田二郎氏の追想として「東急の電車は切妻でよろしい」というタイトルの一文で、「理由は、客室面積を少しでも現状より減らさないということです。先頭部の形状を流線型にすると、その分だけ乗務員室と客室の仕切が客室側に後退することを極端にきらっておられました。客室面積を減らさず運転室部分を前の方に増やすという案も『ダメ』でした。流線型の電車を造ったからと言って乗客が増えることはないだろう」と言われ続けましたので、その結果が9000系車両になりました。けれども、スピードアップにより速達サービスが実行された結果、地下式ホームでの列車風の問題やすれちがいの際の風圧が創造以上に大きなことが判明し、今では半流線型の3000系、5000系の置きかわりつつあります。横田さんは、そんな状況を把握され、現在の姿を容認されたのでした』と述べられている。

　側窓はサッシュレス一段下降式とし、ドア間は連窓構造としてすっきりした見付となった。側出入り口は有効高さを従来の床

東横線に投入された8両編成の9000系9001F　長津田検車区　1986年3月3日

第4章 インバータ制御第一世代　111

剰となった中間車は廃車になり解体されたが全15編成が活躍している。

## 1000系

東横線から日比谷線直通用には7000系が使用されていたが、新車に置き換えることになり、1988（昭和63）年から1000系が投入された。日比谷線規格の18m車となった1000系は、9000系同様8両編成であるが、7600系で実績のあった東洋電機製1C8M制御のインバータを使用して編成にインバータ3台の6M2T編成とした。このインバータは4500V・3000AのGTOサイリスタを使用したATR-H8130-RG621A形で、ヒートパイプ式フロン沸騰冷却を採用してフロン使用量を低減させている。

主電動機は130kWのTKM-88形である。編成中の電動車数は増えるがインバータは4台が3台になるため、コスト的にはほとんど差がなく、粘着性能が向上するメリットがあり、誘導電動機は保守が容易なのでメンテナンスコストも大差ない。この方式は京成3700系などにも採用されている。

車体は3ドアとなったが、正面の形状や断面は共通で、側窓やドアなどの寸法も同一にしている。クーラーの冷風はダクトから送る方式とした。座席は1人当たり450mm幅に広げ、ドア間は9人掛け、3人ずつの仕切を設けた。台車は9000系と同系であるが、床面高さが1125mmと低いので、設計変更されたM台車TS-1006形、T台車TS-1007形である。号車表示は8500系同様、上り寄り1号車としたが、営団日比谷線は逆になっていた。当時日比谷線内は空気ブレーキ指令の車輌も走っていたので、先頭車には非常ブレーキ読み替え装置とブレーキ管コックを設けた。駆動装置、電動空気圧縮機、静止型インバータ、パンタグラフなどは9000系と同一である。

8500系同様、4両編成を2本連結した8両編成を2本製作し、目蒲線の予備車と共通

東急電鉄創立75周年の記念ステッカーが貼付された1000系8両編成　1000系クハ1108〜　多摩川園　1992年11月24日

にしたが、中間に運転台付き車輌が入った編成は目蒲線の目黒線化後に編成替えし、3両編成2本と、中間に運転台のない8両編成1本に組み替え、先頭車2両は休車になった。

のちに目蒲線にM1c-M-M-Tcの4両編成を新造した。先頭車は将来ユニットになることも考え8M制御用インバータを使用したが、中間車は4M制御用小型のATR-4130-RG636A形を搭載した。同線の目黒線化に伴い、M1c-Tcを新製してMc-M-Tcの3両編成に組み替え池上線・多摩川線用にした。

2008(平成20)年には上田電鉄に2両編成4本が譲渡され、中間車4両は廃車になった。上田ではMT編成になり、パンタグラフは2個になっている。

2009(平成21)年から伊賀鉄道に2両編成5本を譲渡した。休車になっていた先頭車2両と、その頃東横線で余剰になり廃車になった8両編成2本からの先頭車4両と中間車4両からなる。中間車は非貫通3枚窓の先頭車に改造したが、5本とも種車の関係で仕様が異なる。伊賀では一部をクロスシート化、パンタグラフは2個にしている。

また東横線の日比谷線直通がなくなり不要になった車輌は、帯の色を緑の濃淡に変更した1500番台3両編成に組み替えて池上線・多摩川線に転籍させた。この車輌は主制御器とSIVをデュアルモードとして補助電源の冗長性を確保した東芝製SVF091-B0形インバータを新製している。

貫通口が中央にある1000系デハ1312　旗の台
2018年7月12日

5次車として登場した1000系1019Fは、4次車の中間車を編成替えして3両編成化した　洗足池　2018年11月9日

東横線から転属し、濃淡の緑帯になった3両編成の1000系1500番台　石川台～雪が谷大塚　2019年4月18日

第4章 インバータ制御第一世代　115

旧東急色の復刻デザインが施された1000系1017F「きになる電車」 多摩川 2018年8月24日

また3両編成の1000系から1500番台に改造した車輌もある。ここで廃車になった車輌は一部に運転台新設改造などを行い、上田電鉄、福島交通、一畑電気鉄道に譲渡された。

## 2000系・9020系

9000系は主に東横線に投入してきたが、田園都市線の新車もインバータ制御を導入することになり、1992（平成4）年から2000系が投入された。車体は9000系に準じたものであるが、クーラーキセが2台連続した形状になり、平天井とし送風機をラインデリアを、クーラーの冷風は1000系同様にダクトから送る方式とした。車内は全てロングシートとし、ドア間7人掛けシートの仕切部に握り棒を設け、座席下蹴込板を後退させて小さな荷物を置けるようにした試みを3号車と9号車で行い、編成2ヶ所の車椅子スペースを設けたのも2000系が最初で

2000系10両編成の試運転　2000系クハ2001F　つくし野〜すずかけ台　1992年3月14日

東横線を走る8両編成の2000系2003F
都立大学　1993年10月9日

大井町線用の2000系5両編成
緑が丘　2018年12月30日

2000系から改番された大井町線用の
9020系5両編成　等々力〜尾山台
2019年5月11日

ある。また2001Fと2002Fの3号車と9号車、2003Fの全車では貫通扉を三角形の2枚窓としている。

　台車はペデスタル式ではなく、円筒積層ゴム式軸箱支持としたM台車TS-1010形、T台車TS-1011形とした。基礎ブレーキはM台車片押し踏面方式、T台車2ディスクブレーキ方式である。

　当初の主制御器は日立製VF-HR132形で170kWのTKM-92形主電動機8台を制御する1C8M方式の6M4T編成で、駆動装置は中実軸TD継手カルダン方式とし歯車比は99：14＝7.07であった。

　なお2000系は10両編成3本の30両で製造が終わり、東武線への相互直通運転には使用されなかった。2018（平成30）年から2019（平成31）年にかけて更新され、主制御器のインバータ交換などを行って3M2Tの5両編成3本とし、9020系に改番され大井町線で運用されている。

第4章 インバータ制御第一世代　117

# 他社へ渡った東急電鉄の車輌たち
## その4・インバータ制御第一世代編

伊賀鉄道モ201＋ク101（元1000系デハ1311＋クハ1010）
市部〜依那古　2016年12月13日

伊賀鉄道モ204＋ク104（元・1000系デハ1206＋クハ1006）　伊賀神戸　2016年12月13日

上田電鉄クハ1102＋デハ1002（元・1000系クハ1018＋デハ1318）　舞田〜八木沢　2008年8月1日

上田電鉄デハ6001＋クハ6101（元・1000系デハ1305＋デハ1255）　寺下　2016年7月26日

福島交通デハ1109＋デハ1313＋クハ1210（元・1000系デハ1308＋デハ1408＋デハ1258）　花水坂〜医王寺前
2017年7月26日

一畑電車デハ1001＋クハ1101（元・1000系デハ1405＋デハ1455）　大寺〜美談　2018年3月29日

# 第5章
# インバータ制御第二世代

新5050系　自由が丘〜田園調布　2017年4月26日

新6000系　自由が丘　2019年1月25日

6020系　自由が丘〜緑が丘　2019年1月6日

# 3000系

　目蒲線を活用して東横線の輸送力増強を行うことになり、目黒～武蔵小杉方面を目黒線、多摩川～蒲田を多摩川線に分離した。この目黒線と営団南北線・都営三田線との相互直通用に3000系車輌が1999(平成11)年から製造された。

　車体はビードレスとなり、よりすっきりした外観に、正面は従来の切妻構造からFRPの一体成型品を使用した曲線の多い形状になり、先頭車は300㎜延長して乗務員室の居住性を向上させた。側窓は半数を固定窓にしている。貫通口は900㎜幅と広くしている。台車は軸ハリ式のボルスタレス台車でM台車TS－1019形、T台車TS－1020形で軸距は2100㎜とし、初めてユニットブレーキを採用、M台車T台車とも片押し踏面ブレーキとなった。床面高さは1150㎜としてホームとの段差を減らしている。制御装置はIGBT3レベルインバータでメーカーは奇数車が日立、偶数車が東芝と2社になった。主電動機は定格190kWと大きくなり、東洋製のTKM－98形では遠心分離ストレーナ式、日立製のTKM－99形では押し込みファン式と2種類を採用、駆動装置は中実軸平行カルダンTD継手式で歯車比は87：14＝6.21である。ブレーキ装置はHRDA－2形となった。冷房装置は東急初の集中式になった。集電装置はシングルアーム式を採用した。

　当初4M4Tの8両編成で登場して東横線で営業運転され、目黒線開業後は3M3Tの6両編成になり、13編成が活躍している。

## 横浜高速鉄道 Y000系

　こどもの国線はこどもの国協会の所有する路線を東急が管理運営していたが、2000

6両編成化後の3000系2次車。1次車とはスカートの形状などが異なる　奥沢～大岡山　2017年2月1日

120

横浜高速高速鉄道Y003編成「うしでんしゃ」 こどもの国〜恩田 2019年2月20日

（平成12）年3月から通勤線化され、横浜高速鉄道がこどもの国協会から譲り受けた。こどもの国線を走るこの車両は横浜高速鉄道所属だが、運営は東急が委託されている。ワンマン運転で乗務員が確認する際にドア数があまり多くない方が安全を確保しやすいということもあり3扉車になったが、設計は東急3000系を基本にしている。

クハY000形とデハY010形の2両編成3本で、多客時は4両編成となることもある。インバータ制御器とSIV一体型の東芝製SVF041-A0形を、空気圧縮機はHS5-1形を2台装備して、冗長性を高めた。車輪は防音車輪としている。

## 新5000系
## 新5050系
## 新5080系
## 横浜高速鉄道 Y500系

2002（平成14）年、田園都市線に登場したのが新5000系で、JR東日本のE231系を設計のベースとして車体関係部品の共通化を図った。

前述のように7000系は一部をインバータ制御7700系に改造したが、8000系以降は試験的に8500系1ユニットをインバータ制御に改造したものの、新車に置き換える方針が決定し、室内外更新工事は中止となった。

5000系のコンセプトは「人と環境にやさしい車両」で車内出入口上部に15インチの液晶でディスプレイを設置した他、空調装置を高出力化し、スタンションポールや低い荷棚などを導入した。5000系以降は百位の番号が号車を表す東京メトロと同じ方式になりわかりやすいのだが、編成替えを行うと改番をすることになり、履歴は複雑になる。6扉車の組み込み関連や、田園都市線から東横線への組み込みなどで改番が行われた。

車体は3000系以来のビードレス外板だが、車体断面を台枠上面で折れ、上部でわずかに傾斜させることで車体結合の作業性を向上させた。先頭部は一体のFRPで、中間車より車体長200㎜、連結器を含む全長では100㎜長くして、運転室スペースを確保した。側窓は熱線吸収・紫外線カットガラスを採用し、側出入口間に下降式大窓と固定式小窓を配し、妻窓は廃止した。1人当たりの座席幅は450㎜である。床面高さは1130㎜とした。

台車は3000系と同型で、主制御装置は2レベルのインバータになった他、主電動機と駆動装置なども3000系と同じである。主制御器は5000系と5050系が日立製、5080系

第5章 インバータ制御第二世代　121

田園都市線用の新5000系。1次車の5101Fはドア間の寸法など、それ以降の編成と仕様が異なる　たまプラーザ　2019年1月30日

6ドア車廃止後の新5000系5115F。代替の4ドア車は同番号で新造されて差し替えた　青葉台　2017年6月14日

廃車回送される6ドア車
2016年1月22日

が東芝製である。

　シンボルカラーの赤のラインを車輌正面と側面腰部に、側面上部に田園都市線はラインカラーのライトグリーンを、東横線はさくら色、目黒線はネイビーブルーを配した。

　5000系は5M5Tの10両編成で、のちに混雑対策として6ドア車を組み込んだりしたが、現在6ドア車は廃車されて全て4ドア車になっている。東京メトロ半蔵門線から東武線に直通運転している。

　2003（平成15）年から製造されたのが目黒線用5080系で車体幅は5000系と同一。先頭車の長さは5000系より100mm長い20200mmの3M3T編成である。東京メトロ南北線、埼玉高速線、都営三田線に相互直通運転する。

　2004（平成16）年から東横線に投入された車輌は5050系で、車体幅が20mm広く、先頭

東横線用の新5000系8両編成
都立大学　2019年1月25日

目黒線用の新5080系6両編成　多摩川　2015年11月6日

第5章 インバータ制御第二世代　123

車は5080系と同じ20200㎜で、4M4Tもしくは5M5Tで運用しており、10両編成の車輌は番号が4000番台になっている。また田園都市線から東横線に転籍した5000系も4本あり4M4Tの8両編成で使用されている他、5000系から5050系に改番された車輌を組み込んだ編成もある。2013(平成25)年に製造された4110Fは「Shibuya Hikarie号」として黄色を主としたラッピングを施した。車体幅は5000系と同じで20㎜狭い。

2013(平成25)年製のサハ5576号は総合車両製作所製「sustina」1号車で、レーザ溶接を使用し骨組の軽量化を図ったものになっている。従来車の質量と比較して0.5tの軽量化が図れている。5050系は東京メトロ副都心線と相互直通運転を行い、西武線、

東横線用の新5050系8両編成　都立大学〜自由が丘　2017年5月2日

新5050系4000番台10両編成　都立大学〜自由が丘　2017年5月2日

次世代ステンレス車輌「sustina」1号車の新5050系サハ5576　藤が丘　2013年5月6日

東武東上線まで入線する。

　横浜高速鉄道Y500系は東急の車輛ではないが、検査を東急が受託していることもあり、東急の車輛の設計とほとんど同一である。2004(平成16)年2月のみなとみらい線開業に合わせて導入したが、東横線の5050系より2ヶ月早く登場している。車体幅は5000系と同じで、制御車の車両長は5050系と5080系と同じ20200mmである。車体内外の色などは横浜高速独自のものであるが、電機品は5000系・5050系と同一である。元住吉での追突事故により廃車になったY500系の代わりに5050系1編成が2008(平成20)年に譲渡されY500系に改番された。

新5050系4000番台4110F「Shibuya Hikarie号」　多摩川　2017年1月29日

東横線開業90周年を記念して、「青ガエル」カラーのラッピングが施された新5000系5122F　新丸子　2017年9月18日

横浜高速鉄道Y500系は東急の車輛と共通運用されている　多摩川　2019年1月25日

## 新6000系

2008（平成20）年に登場した新6000系は大井町線急行列車用で、先頭部をスタイリッシュなデザインとし、車体側面を大井町線ラインカラーのオレンジ、フロントマスクから側面上部と屋根上を東急カラーの赤で配色した。7人掛け座席の手すりは座席前縁より通路側に張り出したR形とし、車椅子スペースに2段手すりを採用するなど、ユニバーサルデザインとしている。

主制御器は東芝製で性能的には5050系と同一であるが、防音車輪を採用した。当初は3M3Tの6両編成であったが、2017年度末までに中間に電動車を新造して4M3Tの7両編成になった。2019年には「Q SEAT」車デハ6300形も新製されている。

## 新7000系

新7000系は2007（平成19）年から製造して

大井町線用の新6000系は当初の6両編成から7両編成となった　緑が丘　2018年12月30日

新6000系に組み込まれる「Q SEAT」車のデハ6300形6302＋6301　長津田　2019年4月24日

池上線・多摩川線用の新7000系3両編成　石川台〜雪が谷大塚　2019年4月18日

いる池上線・多摩川線用の18m3ドア車で、東芝製のデュアルモードインバータを採用して制御用インバータと補助電源用インバータの冗長性を確保している。車内では中間車の車端部に2人掛けと1人掛けのクロスシートを対面に配し、利用しやすい構造としたのが特徴である。

これらの新造車輌は、『東急電鉄環境報告書2014』によると、「省エネルギー機能、軽量化により1両が1km」走行するのに必要な電力量である電力原単位で見ると、8000系2.5kWH／車kmに対し1.6kWH／車kmと40％低減されている。なお、2012（平成24）年に東急車輛はJR東日本グループの総合車両製作所になったが、引き続き東急向け車輌を新造している。

## 2020系
## 6020系
## 3020系

2020系は田園都市線用5M5Tの10両編成、6020系は大井町線急行列車用4M3Tの7

田園都市線用の2020系10両編成　藤が丘　2019年2月20日

両編成で、2017(平成29)年末から搬入され2018(平成30)年3月から営業運転が開始された。車体は総合製作所の「sustina S24シリーズ」で、基本設計や主要機器はJR東日本E235系と共通化したが、レーザ溶接を使用して側板が平滑である点が異なる。

INTEROSと呼ばれる車輌情報伝送を使用し、主制御器は三菱電機製でSiC素子を使用した1C4M方式の2レベル式インバータ、主電動機は1時間定格140kWの東芝製全閉式外扇形誘導機、ブレーキ装置は8段ステップとし、INTEROSによる編成トータルでのブレーキ力演算を行う。台車はボルスタレス式でM台車は片押し踏面ブレー

大井町線急行列車用の6020系7両編成　旗の台〜荏原町　2018年5月1日

3号車に「Q SEAT」が連結された6020系　緑が丘　2019年1月25日

6020系6122Fに組み込まれた「Q SEAT」車のデハ6300形6322　藤が丘　2018年11月30日

試運転を行う目黒線用の3020系8両編成　藤が丘　2019年7月1日

キのTS－1041形、T台車は踏面ブレーキとディスクブレーキ併用のTS－1042形である。

　駆動装置は中実軸平行カルダンWN継手式で歯車比は7.07、補助電源装置は富士電機製260kVAのIGBT静止形インバータ、電動空気圧縮機はクノール製オイルフリーレシプロ式、戸閉装置は電気式と従来車とは大きく変更されている。

　2018(平成30)年冬、東急線で初めて平日夜の座席指定サービス「Q SEAT」が大井町線で6020系7両編成の3号車で開始された。また3020系は目黒線用として2019(平成31)年に4M4Tの8両編成で新製されている。

第5章 インバータ制御第二世代　129

# 第6章
# 軌道線の車輌

デハ200形　二子玉川園　1963年10月9日／撮影＝荻原二郎

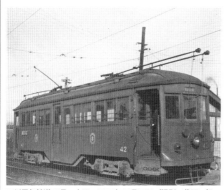

玉川電気鉄道42号　山下　1936年11月29日／撮影＝荻原二郎

デハ60形　吉沢　1968年11月22日

軌道線は1067mm軌間で開業したが、東京市電（現・都電）と軌間を合わせるために1372mmに改軌した。狭軌時代には電動車15両、付随車7両が在籍、いずれも木製の4輪単車であった。

1940（昭和15）年に東京横浜電鉄合併時は、木製単車6両、定員70人の木製ボギー車15両（16〜30）、定員90人の木製ボギー車15両（31〜45）、定員90人の半鋼製ボギー車10両（46〜55）、定員88人の半鋼製ボギー車11両（56〜66）、電動貨車5両、付随貨車20両であった。

## 1〜15号

1372mmに改軌時、1920（大正9）年の木製ダブルルーフ、オープンデッキ4輪単車15両を名古屋電車製作所で新造1〜15号とした。外ステップ方式でデッキ部の床が低く、客室に入るには一段上がる必要があった。ちょうど今の低床バスの後部みたいな構造である。全長8229mmの小型車で定員40人、集電はダブルポール、台車はブリル21−E形で軸距1981mm、車輪径762mm、26.8kW定格主電動機（TDK−9−0）2台、制御装置（DB−1、K−13）は東洋電機製で空気ブレーキ装置はなかった。

3〜5号は1933（昭和8）年、ドア付きに改造され砧線で使用された。これらの単車は1936（昭和15）年に4両廃車、1941（昭和16）年に2両が新京交通（当時の満州国）に譲渡

玉川電気鉄道1号　玉川　1937年1月5日／撮影＝荻原二郎

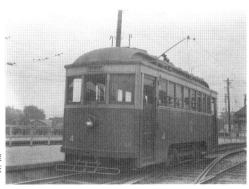

玉川電気鉄道4号はのちに新京交通に譲渡された　玉川　1937年4月16日／撮影＝荻原二郎

第6章 軌道線の車輌　131

された。

## 16〜21号(デハ1形)

玉川電鉄の車輌は連番で、16〜21号は1920(大正9)〜1921(大正10)年に福岡県の枝光製作所で製造した。デッキにドア付きの木製ボギー車で定員70人、全長11734mm、台車はブリル76-E1形で軸距1473mm、車輪径810mm、主電動機は37.3kWのTDK-9-C形2台であった。

当初はハンドブレーキであったが、WH社のSM-3形空気ブレーキ装置を1928(昭和3)年に取り付け、空気圧縮機はDH-16

旧玉川電気鉄道21号のデハ1形6　六所神社前　玉電山下
1949年7月9日／撮影＝荻原二郎

形であった。その後、東急デハ1形1〜6号になり、1952(昭和27)〜1953(昭和28)年の車体新製により鋼体化されてデハ80形になった。

## 22〜30号(デハ1形)

22〜30号は1922(大正11)〜1924(大正13)年に枝光鉄工所・蒲田車輛製作所・鶴見木工で製造したオープンデッキの木製ボギー車で全長11214mm、性能的には16〜21号と同一である。窓配置が枝光製の22〜24号は、2個連続×5に対し、蒲田と鶴見製は3個、4個、3個で、通風機も異なる。

その後、東急デハ1形7〜15号となった。22、28〜30号は玉川電気鉄道時代に「運

のちにデハ1形3となる玉川電気鉄道18号　玉川　1937年
7月21日／撮影＝荻原二郎

旧玉川電気鉄道20号のデハ1形5　大橋　1953年4月4日／
撮影＝荻原二郎

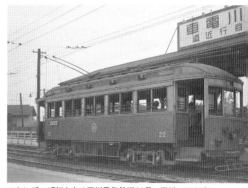

のちにデハ1形7となる玉川電気鉄道22号　玉川　1937年
7月21日／撮影＝荻原二郎

のちにデハ1形14となる東京横浜電鉄29号　山下　1938年9月26日／撮影＝荻原二郎

のちにデハ1形15となる玉川電気鉄道30号　山下　1937年4月5日／撮影＝荻原二郎

旧玉川電気鉄道28号のデハ1形13　吉沢　1944年7月／撮影＝荻原二郎

転台扉を新設し飛降飛乗の危険を防止す」の目的で運転台を延長してドア付きに改造し、全長は11500mmとなった。東急デハ1形7～15号になり、1～6号同様デハ80形になった。

　オープンデッキのままの車輌が戦後も残っていたので、1952(昭和27)年にデハ11号がデハ4号、デハ12号がデハ6号のそれぞれ鋼体化で不要になったデッキ付き車体に載せ替えてデッキ付きにする改造を行ったが、半年後には鋼体化された。

## 31～35号

　31～35号は1925(大正14)年に日本車輌で2両、田中車輌で3両製造した。全長11886

mmとなり、定員が90人に主電動機は37.3kW定格のTDK-524形2台となった。軸距は1270mm、車輪径は710mmで床面高さが低い。側窓配置は3個×4である。この車輌は1939(昭和14)年に鋼体化され71～75号となり、東急デハ60形61～65号に改番された。

玉川電気鉄道35号は75号に改番し、のちにデハ60形65となった　山下　1936年12月27日／撮影＝荻原二郎

第6章 軌道線の車輌　133

## 36～45号(デハ20形)

　36～45号は1925(大正14)年に蒲田製作所製で3扉車となった。中央扉は車内ステップ付きで、軸距は1422㎜、車輪径710㎜、主電動機はTDK-505形37.3kW2台である。

　東急ではデハ20形となり、デハ25～27号は1945(昭和20)～1946(昭和21)年に箱根登山鉄道小田原市内線に譲渡された。デ

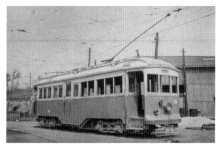

旧玉川電気鉄道45号のデハ20形29　大橋工場　1946年3月30日／撮影＝荻原二郎

ハ20号は1950(昭和25)年に鋼体化されてデハ87号に、残りの車輛は1953(昭和28)～1954(昭和29)年に改造されてデハ80形になった。

## 46～55号(デハ30形)

　1927(昭和2)年から新造は半鋼製車になり汽車製造と日本車輛で2ドア付き車が製造された。全長11886㎜、軸距は1422㎜、車輪径は810㎜、主電動機はTDK524形37.3kW2台である。東急デハ30形30～39号となり、1952(昭和27)年には中央部にドアを設け3扉化した。1953(昭和28)年から車体延長し、連結器を取り付け全長13642㎜に、デッキ部は客室床高さと同一になり車内にステップを設けた。35号車は23号車と台車

のちにデハ20形24となる玉川電気鉄道40号　山下　1936年12月27日／撮影＝荻原二郎

のちにデハ20形26となる東京横浜電鉄42号は箱根登山鉄道に譲渡された　渋谷　1939年8月7日／撮影＝荻原二郎

旧玉川電気鉄道40号のデハ20形24　桜新町　1944年8月／撮影＝荻原二郎

のちにデハ30形37となる玉川電気鉄道53号　山下　1936年9月11日／撮影＝荻原二郎

東京横浜電鉄46号はデハ30号からデハ35号に改番された
桜新町　1939年1月3日／撮影＝荻原二郎

旧玉川電気鉄道63号のデハ40形48　玉電松原　1951年2月4日／撮影＝荻原二郎

デハ30号から改番しビューゲル変更後のデハ30形35　桜新町　1961年12月29日／撮影＝荻原二郎

た。電機品は三菱電機製で、主制御器はKR-20形、主電動機はMB-50-NR形44.8kW2台であった。

のちに東急デハ40形となった。側窓は当初一段下降式であったが、二段上昇式に改造、1952(昭和27)年から連結器取り付け、車体延長、運転台部床面を客室と合わせ、車内ステップ設置を行った。台車と主電動機はデハ60形、デハ20形と交換した。52号は30形の外観のままであった。

交換して52号車に改番、30号車が35号車になった。

## 56～66号(デハ40形)

1928(昭和3)～1929(昭和4)年に日本車輛で3扉半鋼製車輛を製造、中央扉は車外にステップを設けドアと連動するようにし

## 71～75号(デハ60形)

1939(昭和14)年、川崎車輛で31～35号を鋼体化して71～75号とした。3扉車、900mm幅の大きな2段上昇式側窓、中央部扉と共に車内ステップ付きであった。東急になりデハ60形に改番された。1949(昭和24)年から連結器取り付け、台車と主電動機をデハ40形と交換した。1957(昭和32)年から端

のちにデハ40形45となる玉川電気鉄道60号　山下　1936年11月25日／撮影＝荻原二郎

のちにデハ60形61となる東京横浜電鉄71号　上町　1939年11月25日／撮影＝荻原二郎

第6章 軌道線の車輌　135

旧玉川電気鉄道35号（のちの75号）のデハ60形65　宮ノ坂
1951年9月23日／撮影＝荻原二郎

旧玉川電気鉄道31号（のちの71号）のデハ60形61　玉電山下　1968年11月10日

部の扉を2枚引戸に改造し、乗務員の取り扱いの利便を図った。これは自動扉ではないための改造である。急曲線のある砧線で連結運転を行うため、61-62、63-64号の間を座付連結器から、京急から譲渡されたK-2-A形密着連結器に交換した。

## デハ70形

　1943(昭和18)年、東京急行電鉄になってからの新造車で1946(昭和21)年までに8両

デハ70形77　玉電山下　1950年2月19日／撮影＝荻原二郎

を竣功させた。デハ60形に似た形状だが、端部の扉は2枚引戸であった。車輪径は810mm、軸距は1370mm、主電動機はTDK-31-SM形50kW、日立製MMC-50形カム軸制御装置であったが、1949(昭和24)年から連結器取り付け、HL式に改造し、他車との連結運転ができるようになった。

　主電動機は京浜線デハ5140形で使用していたGE-263-A形に交換している。この形式まで登場時ダブルポールだったが、シングルポール化、ビューゲル化、最終的にはパンタグラフ化した。1967(昭和42)年から連結2人乗り改造され、片運転台化、ドアエンジンの取り付け、車端のドアは一枚戸に改造した。

連結2人乗り改造と片運転台化後のデハ70形71～　大橋
1968年10月15日

正面4枚窓となった更新後のデハ70形71　上町検車区
1980年5月11日

玉川線廃止後も世田谷線で引き続き使用され、1978(昭和53)年から車体更新し、乗務員の希望でデハ80形に似た正面4枚窓にした。1989(平成元)年から前灯をシールドビーム2灯化し、窓下部に移設した。これは電球交換時の安全性確保が一因である。1994(平成6)年から台車をTS-332形、主電動機を定格52kWのTKM-94(TDK8568-B)形に更新し、TD継手式平行カルダン駆動化した。なお、従来は各台車に主電動機1台を装荷していたが、更新後は連結側をM台車、先頭部をT台車として、踏切事故の損傷防止を図った。これは東急車輛が阪堺電気軌道向けに製造した台車に準じたもので、車輪径を660mmと既存のデハ70形より小さくした設計で、デハ300形に採用されている。

## デハ80形

1949(昭和24)年から投入した車輛で、上部にRのついた1m幅の大きな側窓、張り上げ屋根、正面4枚窓、中央は2枚窓となり運転台は中央部から左側に寄り、隅柱部にホーム監視ができる窓を設けた。なお、中央部の扉は外ステップに戻った。台車は車輛メーカー製で、軸距は1380mm、車輪径は810mmで、主電動機は日立製HS-3502形で定格74.6kW2台、制御器はHL、空気ブレーキはSMEである。三軒茶屋で二子玉川園行きと下高井戸行きを区別する標識灯を正面上部に設けた。

メーカーは81～84号は日立製作所、85・86号は東急横浜製作所で1950(昭和25)年に初めて製造した。当時、東急横浜は一般車輛修理が主であったが、1949(昭和24)年から新造車の受注がはじまり、台枠利用改造ではあるが新車に近い小田急サハ1960形を同年完成させたのを皮切りに、京急デハ420形、国鉄湘南電車なども1950(昭和25)年に完成させている。1950(昭和25)年から木製車デハ1形、デハ20形の鋼体化で87～108号が、日立製作所、東急横浜、川崎車輛で製造された。台車と主電動機は木製車時代のものとデハ40形のものが使用されて

登場時のデハ80形84 玉電山下1950年4月9日／撮影=荻原二郎

いる他、1両分だけTS-106形を東急車輌で新製したが、車輪径は810mmに統一されていた。集電装置は当初ビューゲルだったが、のちにパンタグラフ化されている。

デハ81〜86号は連結2人乗り改造され、

中央部の扉部は車内ステップ式になった。デハ81〜84号は片運転台化したが、85・86号は両運転台のまま残り、検査時に予備車となるようになった。これは世田谷線では予備車が2両しかなく、定期検査は1両ずつ

パンタグラフ化後のデハ80形92。デハ92号は旧デハ1形10を鋼体化して誕生　桜新町　1961年12月29日／撮影＝荻原二郎

デハ80形103は旧デハ20形23を鋼体化して誕生　二子玉川園〜玉電瀬田　1968年11月22日

更新修繕されて玉川線廃止後も残ったデハ80形81〜　上町検車区　1980年5月11日

復刻塗装が施され「さようなら デハ80形」のヘッドマークを掲出するデハ80形82＋81　西太子堂　2001年1月14日

行い、残った車輌にデハ85号か86号を連結し、両運転台の車輌を予備車としておき、何か車輌交換が必要になった時はこの両運転台車と交換するというものである。

玉川線廃止時にデハ104〜107号はデハ87〜90号に改番して未改造のまま残されたが、1970(昭和45)年に江ノ島鎌倉観光(現・江ノ島電鉄)に譲渡、デハ600形となった。601号が廃車後、里帰りして宮の坂駅前の地区会館に保存されている。デハ81〜86号は更新修繕して使用され、晩年はデハ70形同様に台車、主電動機、駆動装置を更新した。

## デハ200形

1955(昭和30)年の東急車輌製で、床面高さ590㎜という超低床、完全張殻構造の連接車である。自動加速、発電制動付き電磁直通ブレーキと最新技術を採用した。連接部は1軸台車でドラムブレーキを採用、主抵抗器は屋根上、MG付きで換気装置はファンデリヤを使用した。直接道路面から乗降することもあるので、扉に連動した電磁空気式一段ステップが出る構造とし、側窓は上段下降、下段上昇の二段式、側扉は編成に片側3ヶ所で先頭部が1060㎜の片開き、中央部2ヶ所は1420㎜の両開きである。

屋根は二重屋根でパンタグラフのない方の車体には抵抗器を格納している。台枠は鋼鈑プレス材を使用し、枕バリと枕バリ部の側バリは高抗張力板を使用したが、その他は普通鋼鈑を使用した。側カマエは鉄タルキ、側柱、横バリが環状になるように配置し、半径6000㎜の曲面、屋根および床下は半径3000㎜、屋根部は半径780㎜、床下部は780㎜の曲面で完全な張殻構造となっている。

艤装部品は全て車体内部に収め、機器ケースを取り除き、直接車体に取り付けている。床下機器はほとんどが台枠骨組をそのまま吊り金具として使用した。

台車は両端が2軸電動台車で、中央部は1軸台車として、車輪径は510㎜と小さいも

両端が2軸電動台車、中央部が1軸台車で登場したデハ200形　大橋　1955年7月9日／撮影＝荻原二郎

139

二子玉川園のプール利用者を対象としたデハ200形203の臨時電車。「プールゆき」のヘッドマークを掲出　玉電瀬田〜二子玉川園　1955年8月20日／撮影＝荻原二郎

両端の動力台車はTS-302形。写真は「電車とバスの博物館」に保存されているデハ204号の台車　高津　1980年12月7日

デハ200形205　玉電山下　1966年12月11日／撮影＝荻原二郎

併用軌道を走るデハ200形206　大橋　1968年10月15日

のにした。2軸台車は軸距1500mmで、275V・38kW・1500rpmの東洋電機製TDK827-A形主電動機を装荷し、平行カルダン駆動で伝達するが、センターディスタンスの関係でピニオンとギアホイールの間にアイドリングギアを入れている。台車枠は6mm厚の高抗張力鋼鈑を全溶接で組み立てている。車体の荷重は側受支持で、揺れ枕はなく、復元力を枕ばねの横剛性で持たせている。

基礎ブレーキは踏面片押し式で、ブレーキシリンダは台車側バリ外側に取り付けている。軸ばねはゴムの弾性を利用したゴムばねで、軸箱を弾性支持する方式を採用した。1軸台車は初めての試みで、特殊なリンク装置を使用した。軸ばねはコイルばねで、車体荷重は心皿で受け、ブレーキ装置はドラムブレーキを採用した。

自重は22tで、デハ80形1両の20.7tに比較し、車長1m当たりでは約2/3に軽減されている。

主制御器は三菱電機製AB-MDB形間接式制御器で、自動加速、惰行中自動ステップ選択、電空併用、主回路は直並列渡りがなく、電動20ステップ、惰行スポッティング19ステップ、電気ブレーキ19ステップ、主幹制御器は4ノッチとなっている。ノッチ位置により加速度を3段に変えることができ、ブレーキは3段に減速度を変えることができる。惰行中は2つの電動機を他励磁発電機として働かせ、減速するにつれて減流検電器の支配のもとに操作電動機が逆方向に回転し、ステップを19から1に戻すスポッティングを行い、電気ブレーキや力行が円滑にできるようになっている。

電動発電機は東芝製CLG-308形交直複流式で直流100Vは制御電源などに、交流200V120Hz 2相3線式で室内灯などの電源に使用する。

空気ブレーキはSME-D式でセルフラップ式ME-38-M形ブレーキ弁のハンドル角度で電気ブレーキと空気ブレーキを制御できる。電動空気圧縮機はクランク軸が電動機軸に直結した直列3シリンダ単動式のUH-10形を使用した。

主制御器の保守性などに問題も多く、玉川線廃止時に全廃された。昨今の低床車の先駆けとなった車輛ともいえる。「電車とバスの博物館」にデハ204号が保存されている。

## デハ150形

1964(昭和39)年に東急車輛で4両が製造された。車体は7000系の影響からか鋼製ながら骨組、外板に耐候性高抗張力鋼を使用

登場時のデハ150形。当初は両運転台で、単行か2両連結で運用されていた　デハ150形152　大橋　1964年4月28日／撮影＝荻原二郎

更新後のデハ150形153＋154。更新当初の正面窓は2枚とも1枚窓だったが、のちに車掌側のみ2段窓となった　西太子堂　2000年10月1日

し、腰板はコルゲーション板である。側窓は鋼製車でありながら一段下降式を採用した。台車は軸ばね式TS-118形であるが平軸受を採用、車輪径は710mmである。1967（昭和42）年には連結2人乗りに、1983（昭和58）年から車体更新、片運転台化した。

## デハ300形

世田谷線は1969（昭和44）年の玉川線廃止後、デハ70形、デハ80形、デハ150形で運行してきたが、1999（平成11）年から新しいステンレス連接車デハ300形を導入し、2001（平成13）年に10編成を揃え、全車の置き換えを完了した。この車輌はインバータ制御、電気指令ブレーキ、回生ブレーキ、ワンハンドルマスコンなど鉄道線で実績のある最新技術を導入し、車内は混雑緩和を図るため1人掛けシートを運転台向きに設置した。

台車はデハ70形・デハ80形の更新台車

ステップレス後のデハ300形。301Fはデハ200形の登場50周年を記念して2005年に玉電カラーになった　下高井戸〜松原　2019年4月9日

を使用して不足分は新製している。当初はホームが低いのでステップ付きであったが、300形の統一時にホームをかさ上げし、ステップレスにした。世田谷線では平日ラッシュ時の最大使用本数は9本のため1本の予備車しかなく、定期検査は金曜日のラッシュ後から日曜にかけて実施することにした。台車、主電動機などの電機部品は予備品と交換、車体はステンレス製で大きな補修はなく、車輌を有効利用している。

2007年以降に側扉の交換が順次行われ、デハ300形304Fの中扉はガラス部分が大きいタイプとなった　宮の坂　2019年4月4日

ホームかさ上げと同時に運転を開始した307F〜310Fは、当初からステップレスだった　デハ300形308F　三軒茶屋　2018年9月16日

第6章 軌道線の車輌　143

# 他社へ渡った東急電鉄の車輌たち
## その5・軌道線の車輌編

(左)箱根登山鉄道モハ203(元・デハ20形25)※右に見えるのは元・東京都電100形の箱根登山鉄道モハ201　小田原駅前　1954年12月7日／撮影＝荻原二郎

長崎電気軌道153(元・デハ20形25)※箱根登山鉄道モハ203を譲受　浦上駅前　1967年9月7日／撮影＝荻原二郎

江ノ島鎌倉観光デハ602(元・デハ80形88)　江ノ島　1979年1月7日／撮影＝荻原二郎

# 第7章
# 電気機関車／電動貨車 動力車／検測車

※貨車については省略

デワ3040形3041　元住吉検車区　1974年4月29日

デキ3020形3021　長津田車両工場　2009年2月11日

デヤ7550形7550〜　沼部〜鵜の木　2018年2月16日

## デワ1形（デワ3000形）

　1924（大正13）年に目黒蒲田電鉄が汽車会社で製造した4輪単車の電動有蓋貨車1号、1926（大正15）年に東京横浜電鉄が藤永田造船所で2号を製造した。台車はブリル21E形、主電動機48kW2台であった。1932（昭和7）年にはモト4号を改造したモワ3号が加わった。その後は東急デワ3000形となり、廃車後は秋田中央交通と長岡鉄道に譲渡、晩年は長岡の車輛も秋田中央交通に移った。

## デト1形（デト3010形）

　1922（大正11）年と1924（大正13）年に目黒蒲田電鉄が汽車会社、1926（大正15）年に東京横浜電鉄が藤永田造船所で合計6両製造した電動無蓋貨車である。主要寸法や機器、台車はデワと同等である。
　東急デト3010形となり、2両が江ノ島電鉄、1両は新デワ3002号に改造後、秋田中

旧目黒蒲田電鉄デワ1形1のデワ3000形3001　碑文谷工場　1949年3月10日／撮影＝荻原二郎

旧東京横浜電鉄デト1形5のデト3010形3014　元住吉工場　1951年6月5日／撮影＝荻原二郎

央交通に、3014・3015号は元住吉工場入換車に改造して1970(昭和45)年まで使用した。

## デキ1形(デキ3020形)

1929(昭和4)年、東京横浜電鉄が川崎車輛で製造したデキ1形電気機関車で、同型車が高畠鉄道デキ1号（のちの山形交通ED1号)もいた他、伊勢電気鉄道（のちの近鉄)にも類似車輛が在籍した。東急になりデキ3020形と改番された。制御装置はHL、主電動機は600V時代は60kW(1500Vで75kW)定格と小さく、電車より非力だった。

貨物列車牽引に使用されたのち、元住吉と長津田で工場の入換用に長い間活用された。長津田車両工場の入換はアントに置き換えられ解体予定だったが、2009(平成21)年には縁あって上毛電気鉄道のイベント用となり、大胡駅電車庫で大切に保存されている。

## デワ3040形

1949(昭和24)年に国鉄から木製荷物電車モニ13形を譲り受け、デワ3041号とした。西武鉄道にも同型車が入線している。1924(大正13)年の日本車輌製で、台車はTR-14形、主電動機はスイス製のMT-12A形定格111kWを使用していた。トラス棒があっ

旧東京横浜電鉄デキ1形1のデキ3020形3021。のちに上毛電気鉄道に譲渡　長津田車両工場　1981年8月9日

鋼体化前のデワ3040形 3041　大岡山　1964年2月1日／撮影＝荻原二郎

第7章 電気機関車／電動貨車／動力車／検測車　147

たが、のちに撤去している。

　塗色は濃いグリーンのままであった。1964（昭和39）年に小田急引継ぎ車のデハ1366号車体更新時、その車体を使って半鋼製車体に更新した。晩年は廃車になったデハ3600形の主電動機に交換して出力増強したが、1981（昭和56）年に廃車になった。

　デワ3042号はデハ3204号を1969（昭和44）年に改造したもので、電機品はそのままで

あった。1981（昭和56）年に廃車となり、東急車輛に譲渡された。当初はダークグリーン塗装だったが、のちに一般車と同じグリーンに正面黄色帯とした。

　デワ3043号は上記2両の老朽化により、デハ3450形3498号を1981（昭和56）年に改造したもので、当初は座席撤去、ドアの非自動化、車内保護棒取り付け程度の最小限の改造であった。1982（昭和57）年に荷物輸送

車体更新後のデワ3040形3041　元住吉検車区　1980年12月21日

デハ3200形3204を改造したデワ3040形3042　元住吉検車区　1974年4月29日

荷物輸送廃止に伴い工場入換用となったデワ3040形3043　長津田車両工場　1989年3月11日

塗色変更後のデワ3040形3043　長津田車両工場　1992年12月23日

2007年に窓廻りを黄色、腰部を水色に変更したデワ3040形3043　東急テクノシステム長津田工場　2008年11月13日

が廃止され、長津田車両工場入換用になり、山側（工場内では川側）のみ窓2個を廃止して中央扉を拡幅した。塗色は窓廻りクリーム、腰部を青に変更した。2009（平成21）年にはデキ3021号同様に不要となり、解体された。

## デヤ3000形

1977（昭和52）年にデハ3551号を改造して電気検測車とした。両運転台化したが、新設運転室部は非貫通3枚窓である。屋根上に架線検測用ドームや検測用パンタグラフなどを設置した。1982（昭和57）年に廃車になったデハ3450形の台車・主電動機に交換し、性能上はデハ3450形となった。塗装は当初のダークグリーンから荷電同様のライトグリーンに変更した。1993（平成5）年に廃車となり、東急車輌に譲渡した。

## デヤ7200形 デヤ7290形

デヤ3000形の老朽化とATC区間を走行

台車・主電動機交換前のデヤ3000形3001（貫通側）　奥沢検車区　1980年6月21日

台車・主電動機交換後のデヤ3000形3001（非貫通側）　長津田検車区　1992年12月23日

回送する8500系を中間に組み込んだデヤ7200形7200とデヤ7290形7290　長津田車両工場　2008年12月3日

149

できないことにより、2両あったアルミ車デハ7200号とクハ7500号を1991(平成3)年に動力車と電気検測車デヤ7200号に改造した。デハ7200号は両運転台化し、パンタグラフ2台化し冷房電源として50kVAのSIVを取り付けた。

クハ7500号は7600系インバータ車の改造に合わせ、抵抗制御のデハ7402号をインバータ制御に改造、捻出された台車と電機品を使用して電動車化し、両運転台化、屋根上の検測ドーム、検測パンタグラフ設置などを行いデヤ7290号とした。機器増加によりサハ3370形の廃車からCLG-319形MGも追設している。運転台はワンハンドルマスコンで、ブレーキはHSCのままであるが、7200-7290の両先頭はATC付きで、ATCのない1000系、7200系、7700系、8000系をATC区間に回送する時に中間に組み込み、ブレーキが貫通できるよう読み替え装置を備えていたが、新しい動力車と電気検測車に交替した。

## サヤ7590形

軌道検測は国鉄からマヤ34形を借り入れて行ったこともあるが、1998(平成10)年にサヤ7590形を新製した。全長16.5mのステンレスカーで両端台車は空気ばね式、中央部の測定用台車は金属ばね式である。当初はデヤ7200号と7290号の中間であったが、現在はデヤ7500号と7550号の中間に組み込んで走行する。

## デヤ7500形
## デヤ7550形

2012(平成24)年に新製した動力車デヤ7500形と電気検測車デヤ7550形である。

軌道検測車のサヤ7590形7590　長津田検車区　1998年3月3日

動力車のデヤ7500形7500
藤が丘　2016年1月5日

デヤ7500形7500＋サヤ7590形7590＋
デヤ7550形7550　緑が丘　2017年1月18日

架線検測装置などを搭載したデヤ7550形7550　石川台～雪が谷大塚　2018年2月16日

「TOQ-i」の愛称を持っている。新7000系をベースにした18mオールステンレスカーで、両運転台の三面折妻形状で中央貫通口である。新たな試みとして、側鋼体の一部と妻鋼体の外板接合部にレーザ突合せ連続溶接を行っている。デヤ7550形に架線検測ドームを配している。

架線検測は非接触式になったことから検測専用パンタグラフは不要となり、集電用と共通化された。主制御装置は補助電源装置と一体のIGBT素子使用の東芝製3レベルインバータで、通常は制御インバータ2群とSIV1群で運転し、SIV故障時には制御用インバータの1群をSIVに切り替えるデュアルモードを採用、主電動機は東急初の全閉式三相かご形誘導電動機TKM-11形で、1時間定格190kWを採用している。

## ED30形

1944（昭和19）年に豊川鉄道が日本車輌で製造したデキ54号であるが、竣功時は同鉄道が国鉄に買収されていたのでED30 1号となった。1961（昭和36）年にED25 11号に改番され、1963（昭和38）年の廃車後は伊豆急行に移った。伊豆急での用途がなくなり1994（平成6）年に東急で引き取り、塗色はライトグリーンに、車号板はED30 1に戻し、前灯位置変更、元空気溜の小型化などの改造を行い、1995（平成7）年から長津田車両工場入換用として使用開始した。東急での車籍はない。主電動機はMT-30形4台と強力で、2009（平成21）年に解体された。

工場入換用として使用されたED30 1　長津田車両工場　1996年1月15日

第7章 電気機関車／電動貨車／動力車／検測車　151

## 玉川線電動貨車1〜5号

　1920（大正9）年に名古屋電車製作所で有蓋電動貨車5両を製造した。電動客車と同じブリル21-E型台車、主電動機はTDK-9-C形2台、連結器はバッファーと螺旋式で付随貨車を牽引できた。全長6781mmと短い車輌であった。1941（昭和16）年に新京交通に譲渡された。

## デワ3030形
（デト3030形）

　玉川線用の電動貨車で1943（昭和18）年ニ京浜線用デワ5013号を改軌した。1924（大

玉川電気鉄道・電動貨車1号　玉川
1932年10月17日／撮影＝荻原二郎

玉川電気鉄道・電動貨車2号　玉川
1937年1月15日／撮影＝荻原二郎

付随貨車は東急電鉄に13両が引き継がれた。写真は玉川電気鉄道・付随貨車1号に箱形の水槽を搭載して改造した散水車　玉川　1932年10月17日／撮影＝荻原二郎

正13)年の横浜ドック製で、ペックハム台車を使用し、主電動機はGE製37kW定格2台であった。1951(昭和26)年には無蓋に改造、二子玉川園開業の花電車にも使用された。1967(昭和42)年に廃車されたが、連結器は最後までバッファーと螺旋式であった。

京浜線用デワ5013号を改軌して転用したデワ3030形3031　大橋工場　1946年3月30日／撮影＝荻原二郎

二子玉川園開園の花電車に使用される無蓋車改造後のデト3030形3031　大橋車庫　1954年3月27日／撮影＝荻原二郎

## 他社へ渡った東急電鉄の車輌たち
### その6・電気機関車／電動貨車／動力車／検測車編

江ノ島鎌倉観光デト2(元・デト3010形3011)　藤沢　1960年10月9日／撮影＝荻原二郎

秋田中央交通デワ3003(元・デワ3000形3003)※長岡鉄道デハ101を譲受　一日市　1967年5月4日／撮影＝荻原二郎

第7章 電気機関車／電動貨車／動力車／検測車　153

## 東京急行電鉄の車輌の変遷 （各形式登場時を示す）　※デハ3600、クハ3670、3770形の製造所（改造）は、東急、東横、新口国、汽車、口車の5社

| 製造初年 | 旧形式 | 形式 | 車体 | 扉 | 側窓 | 前面 | 連結面 | 運転室 |
|---|---|---|---|---|---|---|---|---|
| 1923 | デハ1 | | 木製 | 2扉片開 | 一段下降 | 非貫通 | — | Hポール |
| 1924譲受 | デハ20・30・40 | | // | 3扉片開 | // | // | — | // |
| 1925 | デハ100 | デハ3100 | 半鋼製 | // | // | 貫通 | — | // |
| 1927 | デハ200 | デハ3150 | // | // | // | // | — | // |
| 1927 | デハ300・クハ1 | デハ3200 | // | // | // | // | — | // |
| 1928 | デハ500 | デハ3400 | // | // | 二段（下段上昇） | 非貫通 | — | 片隅式 |
| 1931 | モハ510 | デハ3450 | // | // | // | // | — | // |
| 1936改造 | サハ1 | サハ3350 | // | // | // | — | 非貫通 | — |
| 1936 | キハ1 | | // | // | // | 非貫通 | — | 片隅式 |
| 1937改造 | モハ150 | デハ3300 | // | // | // | // | — | // |
| 1939 | モハ1000 | デハ3500 | // | // | // | // | — | // |
| 1939 | 71〜75 | デハ60 | // | // | // | // | — | Hポール |
| 1942 | | クハ3650 | // | // | // | // | 広幅貫通 | 片隅式 |
| 1942 | | デハ70 | // | // | // | // | — | Hポール |
| 1947 | | クハ3660 | // | // | // | // | 非貫通 | 片隅式 |
| 1948 | | デハ3600・クハ3670・クハ3770 | // | // | // | 非貫通・貫通 | 貫通 | 全室 |
| 1948 | | デハ3700・クハ3750 | // | // | // | 非貫通 | 非貫通 | // |
| 1950 | | デハ80 | // | // | // | // | — | Hポール |
| 1952 | | クハ3850 | // | // | // | 貫通 | 貫通 | 全室 |
| 1953 | | デハ3800 | // | // | // | // | // | // |
| 1954 | | 5000系 | 半鋼製 | // | 二段（下段上昇・上段上昇） | 非貫通 | 広幅貫通 | // |
| 1955 | | デハ200 | 全鋼製 | // | 二段（下段上昇・上段下降） | 全面貫通 | | 区分式 |
| 1958 | | 5200系 | スキンステンレス | // | // | | 広幅貫通 | 全室 |
| 1960 | | 6000系 | // | 3扉両開 | // | 貫通 | | // |
| 1962 | | 7000系 | オールステンレス | // | // | // | | // |
| 1964 | | デハ150 | 全金属製 | // | 一段下降 | 非貫通 | — | Hポール |
| 1965 | | サハ3250 | // | // | 二段（下段上昇） | — | 貫通 | // |
| 1967 | | 7200系 | オールステンレス | // | 一段下降 | 貫通 | 広幅貫通 | 全室 |
| 1969 | | 8000系 | // | 4扉両開 | // | // | // | // |
| 1975 | | 8500系 | // | // | // | // | // | // |
| 1978 | | デハ8400 | 軽量ステンレス | // | // | — | // | — |
| 1980 | | 8090系 | // | // | // | 非貫通 | // | 全室 |
| 1986 | | 9000系 | // | // | // | 貫通 | 貫通 | // |
| 1986改造 | | 7600系 | オールステンレス | 3扉両開 | // | // | 広幅貫通 | // |
| 1987改造 | | 7700系 | // | // | 二段（上段下降） | // | // | // |
| 1988 | | デハ8590・デハ8690 | 軽量ステンレス | 4扉両開 | 一段下降 | // | // | // |
| 1988 | | 1000系 | // | 3扉両開 | // | // | 貫通 | // |
| 1992 | | 2000系 | // | 4扉両開 | // | // | // | // |
| 1999 | | 3000系 | // | // | 一段下降・固定 | // | // | // |
| 1999 | | デハ300 | スキンステンレス | 2扉両開 | 二段（上段内ばめ） | 非貫通 | 全面貫通 | 区分式 |
| 2002 | | 新5000系 | 軽量ステンレス | 4扉・6扉両開 | 一段下降・固定 | 貫通 | 貫通 | 全室 |
| 2007 | | 新7000系 | // | 3扉両開 | // | // | // | // |
| 2008 | | 新6000系 | // | 4扉両開 | // | // | // | // |
| 2013 | | サハ5576　sustina | レーザ溶接軽量ステンレス | // | // | — | // | — |
| 2018 | | 2020系 | // | // | // | 貫通 | // | 全室 |
| 2018 | | 6020系 | // | // | // | // | // | // |
| 2019 | | 3020系 | // | // | // | // | // | // |

| 台車 | 基礎ブレーキ | 制御 | 主電動機 | 駆動 | 空気ブレーキ | 補助電源 | 製造会社 |
|---|---|---|---|---|---|---|---|
| 軸ばね式 | 踏面 | 直接式 | 直流直巻 | 釣掛式 | SME | — | 川崎 |
| 釣合いばり式 | 〃 | 電空カム軸式 | 〃 | 〃 |  | — | 鉄道省 |
| 〃 | 〃 | 〃 | 〃 | 〃 | SME | 〃 | 藤永田 |
| 〃 | 〃 | 〃 | 〃 | 〃 | 〃 | 〃 | 川崎 |
| 〃 | 〃 | 〃 | 〃 | 〃 | AMM | 〃 | 〃 |
| 〃 | 〃 | 〃 | 〃 | 〃 | 直通自動 | 〃 |  |
| 〃 | 〃 | 〃 | 〃 | 〃 | AMM直通自動 | 〃 | 日車・川崎 |
| 〃 | 〃 | — | — | — | ATM | 〃 | 川崎 |
| 菱枠平鋼台枠式 | 〃 | — | 〃 | 〃 | SME | 〃 | 〃 |
| 〃 | 〃 | 電空カム軸式 | 直流直巻 | 釣掛式 | AMM直通自動 | 〃 | 〃 |
| 〃 | 〃 | 電動カム軸式 | 〃 | 〃 | AMM | 〃 | 〃 |
| 軸ばね式 | 〃 | HL | SM-3 | 〃 | ACA | 〃 | 〃 |
| 釣合いばり式 | 〃 | — | — | — | ACM | 〃 | 〃 |
| 〃 | 〃 | 電動カム軸式 | 〃 | 〃 | AMM | — | 各社 |
| 〃 | 〃 | 電空カム軸式 | 〃 | 〃 | AMA | MG(DC) | 川崎 |
| 軸ばね式 | 〃 | HL | 〃 | 〃 | SME | — | 日立・東急・川崎 |
| 一体鋳鋼・軸ばね式 | 〃 | — | 〃 | 〃 | ACA | — | 川崎・東急 |
| 〃 | 〃 | 電動カム軸式 | 〃 | 〃 | AMA-R | MG(DC) | 東急 |
| 鋼製溶接・軸ばね式 | 〃 | 発電ブレーキ電動カム | 〃 | 直角カルダン | AMCD | MG(AC120Hz) | 〃 |
| インサイドフレーム | 〃 | 〃 | 〃 | 中空軸平行カルダン | HSC-D | 〃 | 〃 |
| 鋼製溶接・軸ばね式 | 〃 | 〃 | 〃 | 直角カルダン | AMCD | 〃 | 〃 |
| 空気ばね筒ゴム | ドラム | 回生ブレーキ電動カム | 直流複巻 | 平行カルダン・直角カルダン | HSC-R | MG(AC400Hz) | 〃 |
| パイオニアⅢ | ディスク | 〃 | 〃 | 中空軸平行カルダン | 〃 | 〃 | 〃 |
| 鋼製溶接・軸ばね式 | 踏面 | HL | 直流直巻 | 釣掛式 | SME | 〃 | 〃 |
| 〃 | 〃 | — | 〃 | 〃 | ATA-R | — | 東横 |
| 空気ばね・軸ばね式・パイオニアⅢ | 踏面・ディスク | 回生ブレーキ電動カム | 直流複巻 | 中空軸平行カルダン | HSC-R | MG(AC400Hz, 120Hz) | 東急 |
| 〃 | 〃 | 界磁チョッパ電動カム | 〃 | 〃 | HRD-2 | SIV | 〃 |
| 空気ばね・軸ばね式 | 踏面 | 〃 | 〃 | 〃 | 〃 | SIV・MG | 〃 |
| 〃 | 〃 | 〃 | 〃 | 〃 | 〃 | — | 〃 |
| 〃 | 〃 | 界磁チョッパ電動カム | 〃 | 〃 | 〃 | SIV | 〃 |
| ボルスタレス・軸ばね式 | 踏面・ディスク | GTOインバータ | 交流三相かご形 | 〃 | HRA | GTO・SIV | 〃 |
| 空気ばね・軸ばね式 | 〃 | 〃 | 〃 | 〃 | HSC-R | 〃 | 〃 |
| 〃 | 〃 | 〃 | 〃 | 〃 | 〃 | 〃 | 〃 |
| 〃 | 踏面 | 界磁チョッパ電動カム | 直流複巻 | 〃 | HRD-2 | — | 〃 |
| ボルスタレス・軸ばね式 | 踏面・ディスク | GTOインバータ | 交流三相かご形 | 〃 | HRA | GTO・SIV | 〃 |
| ボルスタレス・円筒積層ゴム式 | 〃 | 〃 | 〃 | 中空軸平行カルダンたわみ板継手 | 〃 | 〃 | 〃 |
| ボルスタレス・軸ばね式（Zリンク） | 踏面 | IGBTインバータ | 〃 | 〃 | HRDA-2 | IGBT・SIV | 〃 |
| 鋼製・軸ばね式 | 〃 | 〃 | 〃 | 〃 | 〃 | 〃 | 〃 |
| ボルスタレス・軸ハリ式（Zリンク） | 〃 | 〃 | 〃 | 〃 | 〃 | 〃 | 東急・総合車両 |
| 〃 | 〃 | 〃 | 〃 | 〃 | 〃 | 〃 |  |
| 〃 | 〃 | 〃 | 〃 | 〃 | 〃 | 〃 |  |
| 〃 | 〃 | 〃 | 〃 | 〃 | 〃 | — | 総合車両 |
| ボルスタレス・軸ハリ式（1本リンク） | 踏面・ディスク | SiCインバータ | 全閉式外扇形誘導機 | 中実軸平行カルダンWN継手 | INTEROS | IGBT・SIV |  |

東急電鉄にゆかりのある
エキスパートインタビュー
[特別編]

著者・荻原俊夫に聞く──
# 東急電鉄の車輛譲渡事情

構成=池口英司

## 量から質への転換

── 東京急行からの車輛譲渡というと、昭和後期になってから、にわかに活発に行われるようになったという印象があるのですが、これには何か理由があるのでしょうか？

荻原　当時の東京急行電鉄では、まず現役で使用する車輛を経済性の高いものに置き換えていきたいという希求がありました。普通鋼製の車輛をステンレス鋼製のものに置き換えることによって、車輛の軽量化と無塗装化によるメンテナンスの軽減を図りたいという考えがベースにあったのです。さらに回生制動付きの車輛を導入したのなら、電力の消費量が20〜25%ダウンすることも見込めた。そういうニーズから、東急では順次新形式車輛が導入されていったわけです。

　そうすると、それに押し出される形で余剰車輛が発生することになりました。余剰車輛は解体するのが基本ですが、他社からそれを譲渡して欲しいというお声掛けを頂いたら、

そのご要望に対して検討する流れになります。目蒲線や池上線などで働いていた旧3000系は旧型の鋼製電車ですが、これを廃車とする時に、それであれば譲って欲しいという声を多方面から頂くようになったのが昭和50年代のことです。

── それまでは他社への車輛譲渡というのは、あまり積極的に行われなかったという印象があります。

荻原　それまでは、輸送力増強に負われていたというのが実情です。増え続ける輸送需要に対応するために、まずは車輛の数を揃えることが最優先でした。それが昭和後期になって一段落し、今度は車輛の質を高めてゆくことになったわけです。

　1975（昭和50）年には、新玉川線（現・田園都市線渋谷〜二子玉川）の開業に向けて8500系を4編成40両増備しました。これによって3000系に余剰が出たわけです。ちょうどそこに名古屋鉄道さんから「3000系が余るのであれば譲って頂きたい」という連絡

が入ったのです。

―― あの時は、大手私鉄の名古屋鉄道が同じ大手私鉄から譲渡車を受け入れるというので、少し驚いた記憶があります。

荻原　名古屋鉄道の方から「3700形を譲って欲しい」という電話連絡を頂きました。そこで、当時の上司に報告をしたのですが、「天下の名古屋鉄道が、中古の車輛を欲しがるわけないだろう」と、最初は信じてもらえませんでした（笑）。

当時の名鉄では通勤輸送に2扉車を使用していた関係で、これが混雑を招いていたようです。駅で積み残しが出るくらいだということで、3扉の車に白羽の矢が立ったというわけです。3700形の車輛寸法が名鉄さんの旧型車と同一で使いやすく、装架されている電動機も形式が同一で好都合ということもあり、3700形にご指名がかかったのですね。外から見ていると、こういう事情はわかりにくいのですが、このような話がしばしばあるものなのです。

―― 中古車輛というのは、まず受け入れ側が"モノ"を探し、タイミング良く出物があると話がまとまる、そういう順番なのだと聞いたことがあります。

荻原　3700形はM車が15両、T車が5両ありました。名鉄さんでは3両編成にして使用するということことだったので、1両は戦災復旧車を車体更新したものを加えました。さらに1両はM車をT車に改造して、3両編成7本を仕立てました。

名鉄では6両編成に組成して急行運用で運転することもできたといい、新造車の6000系が出揃うまでのショートリリーフが務まったということで喜んで頂きました。

## 現場から歓迎される車輛

―― 3000系はその他にも、各地の地方私鉄にも譲渡されました。

荻原　青森県の弘南鉄道にはかなりの数の3000系が譲渡されました。これは元・国鉄電車のデハ3600形が、パワーがあって使いやすいということと、またデハ3400形に搭載されている制御器がCS5形というもので、オーソドックスな構造のため現場でも扱いやすいタイプであったことが大きな理由です。その後、それらの3000系が、弘南鉄道で期待通りの働きをしたということなのか、今度は東急の7000系が廃車になる段階で、数多くの車輛を引き取って頂きました。現場

元・3700形 の 名古屋鉄道 ク2883＋モ3884＋モ3885　伊奈〜豊橋　1978年9月1日

同士はそういう繋がりを大切にしますから、ひとつのサイクルごとに車輌が譲渡されてゆくことも起こります。長野電鉄に譲渡された東急5000系と8500系も同じような関係ですね。上田交通にもそういう例がある。もっともあの会社は東急のグループ会社ですから、結びつきが強いのは当然ですが。

――上田交通に入った東急の車輌というと、私はまずクハ290形を思い出します。先頭車2両だけが譲渡された、珍しい例でした。

荻原　ちょうどあの頃に上田交通の社長さんとお会いする機会がありまして、別所温泉駅での入換の話が出ました。上田交通の当時の運転法に詳しい方はご存知でしょうが、機回し線のない終点の別所温泉駅で、手作業で電車の入換を行っている話になりました。「あの入換は手間がかかりますから、お止めになったら？」「いや、そうは言っても車輌の改造にはお金がかかりますから」「それなら東急の軽い車輌に運転台を付けて制御車化して入線すれば、手作業の入換を止めることができます」と、そんなやり取りの末に、東急で余剰となっていた5000系のサハに運転台を取り付けて譲渡することに決まったのです。

この運転台は実用性があれば良いのだから、車体断面はそのままにして平面的な先頭形状の運転台を取り付け、乗務員は急いで乗り換える必要はないのだから、乗務員扉も廃止して良い。そうすることで、さらにコストを下げることができる。そういう順序で改造の話はまとまりました。

――私たちファンは、クハ290形のことを5000系「青ガエル」が変身して平面的な顔つきになったから、「平面ガエル」と呼んでいました。

荻原　上田交通に入線後のクハ290形は「丸窓電車」の5250形と編成を組んで使用されましたね。クラシカルなスタイルの5250形とクハ290形の編成は、見た目には確かにチグハグな印象もありましたけれど、クハ290形は輸送力はあるし車体も軽いし、現場からは好評だったそうです。

そうすると今度は、「全部あの電車にしたい」という声が出てきました。けれども変電所も老朽化していて、そろそろ取り換えなければいけない。そこで、「変電所を更新するのであれば1500Vに昇圧して、そうしたら5000系を入れましょう。なにしろ、クハ290形は5000系から改造した車輌ですし、輸送力があって車体も軽い」と提案して、商談はトントン拍子で進みました。

5000系サハ5350形に運転台を取り付けた上田交通クハ290形
別所温泉　1986年8月11日

――　口の悪いマニアは、「変電所とセットにして売りやがって」と冗談を言っていました（笑）。

荻原　セールスして売ったという訳ではないので（笑）。ともあれ、クハ290形の評判が良かったから、次に5000系が入線したわけですね。

## 大規模な改造工事

――　5000系は長野電鉄にも大挙して入線しました。

荻原　当時はまだ3000系に余剰がありましたから、順番としては5000系よりも先に3000系の譲渡を済まさなければならなかったのですが、長野電鉄さんは長野駅付近の地下化を控えていましたから、耐火基準の観点からも車齢の若い5000系の譲渡を望まれました。これは東急の社内でも検討事項となったのですが、東急百貨店が出店している地域でもあるのだから5000系を出しましょうということになりました。

けれども、5000系をそのままお渡ししても、地下線開口部の勾配や山ノ内線の勾配を登れないかもしれないという懸念があり、改造が必要でした。特に2両口の2500系には大改造が施されています。電動機は新品に取り替えて出力をアップさせ、冬の着雪に備えて抵抗器は開放式にしました。

そしてレールヒーターを取り付け、乗務員室の仕切戸の位置なども長野電鉄の仕様に合わせ、外板もほとんど張り替えています。ですから、見た目には何も変わっていないように思われたかもしれませんが、長野電鉄に譲渡された5000系は費用をかけて、大きな改造が行われていたわけです。

――　そのような改造の手間をかけたとしても、地方私鉄には譲渡車輌の導入に魅力があるわけですね。

荻原　先ほども申しましたように5000系は軽量ですから、地方私鉄にとっても様々な導入するメリットがあります。

大手私鉄と地方私鉄では車輌にかかる負荷も違いますので、1日の運用距離は短くなりますし、運転される速度も低くなる。そういう条件であるのなら、まだまだ使うことができたのが当時の5000系だったのです。消費電力が小さいことも、運用コストにすぐに反映されることになります。地方私鉄にとっては、このことも魅力となっていたことでしょうね。

## 現場サイドの細かな仕様変更

――　当時の東急は車輌の全面ステンレス化を目指していました。そういう流れの中で3000系や5000系が淘汰されていきました。

荻原　使用車輌の全面ステンレス化は、東急の悲願でした。そしてステンレス化が達成されますと、今度は7000系が譲渡される順番となるわけです。これには、様々な人と人の繋がりが役に立っています。けれども、それはどのようなビジネスであっても同じことだと思います。

そして譲渡された7000系の評判が良いとなると、その噂を聞いて新たなお客様が名乗りを挙げてくれることになる。先に挙げた上田交通のクハ290形と5000系、あるいは長野電鉄の5000系と8500系という例と同じ図式ですね。そういう流れで、譲渡先が増えていったのです。

それでも、お話があった会社から順番に中古車輌をそのまま手渡してゆけば良いのかというと、そうはならないわけです。「わが社のある地方は冬に雪が降るのだから、ディスクブレーキは使いたくない」というような要望も

東急電鉄の車輌譲渡事情　159

元・1000系の伊賀鉄道モ202
＋ク102　市部〜依那古
2016年12月13日

寄せられてくるので、改造が必要になるケースがほとんどです。

そういう要望に対応した結果、車体は確かに元・東急7000系だが、中身はまったくの別物、という車輛になったケースもあります。車体は元・東急、電機品・台車は他社という具合に、様々な出自の部品がひとつになって走っているというケースもあります。鉄道車輛は製作にも維持にもコストがかかるものであり、そしてお客様の安全を確保するためのものでもありますから、これは当然の話です。

── 東急の7200系の評判はどうでしょうか？ MT比1：1で設計された車輛ですし、車体の寸法も地方私鉄向きであると思いますが。

荻原　車体の大きさ、性能は、まさに地方私鉄にうってつけですね。廃車計画のない時代にも引き合いがありました。7600系に改造された車輛と動力車・検測車を除く全ての車輛は譲渡されました。

── 近年は1000系も地方私鉄に譲渡されるようになりました。

荻原　私が車輛の仕事に携わっていた最後の頃には、そろそろ1000系に余剰が出始めていました。これには東急から地下鉄日比谷線への直通の運用が減ったという事情もありました。ちょうどその時に、伊賀鉄道さんから譲渡希望のお話を頂いた。社長さんに連絡を取り、「近鉄さんの車輛ではなくてもよろしいのですか？」と伺うと、「そもそも伊賀鉄道では車体長20mの車輛は走ることができないので、18m級の1000系が良い」と仰るのですね。18mの車輛ということであれば、東急には他にも改造の容易な車輛がありはしたのですが、お話を進めてゆくうちに、やはり少しでも新しい車輛が欲しいということになって、1000系の譲渡が決まったのです。

この時は、先頭車Mc2両、Tc車4両に、中間M車4両を先頭車改造してMc車3両、Tc車1両としました。東急時代のTc車は上り向きと下り向きがありましたし、T台車が不足するなど一筋縄ではいきませんでした。この改造工事は、様々な条件を勘案して進めますから、極端な話、車輛の形が1両ごとに全部異なっているという可能性もあります。このあたりも趣味的には面白いテーマであるかもしれませんね。

そのような次第で、譲渡車輛というものは現場サイドの判断が反映されて形が変わってゆくことがありますから、実際に営業運転に就いている車輛と出会った時には、じっくり観察をしてみてください。きっと、実に様々な発見があると思います。

# カラー写真で見る 譲渡車輌の風景

長野電鉄モハ2508＋クハ2558（元・5000系デハ5011＋デハ5012） 河東線 1985年4月28日

岳南鉄道クハ5101＋モハ5001（元・5000系サハ5361＋デハ5027） 須津〜岳南富士岡 1996年12月31日

上田交通モハ5002＋クハ5052（元・5000系デハ5005＋デハ5006）
中塩田〜下之郷　1989年11月6日

上田交通クハ291（元・5000系サハ5358）　八木沢　1985年月28日

上田交通クハ292（元・5000系サハ5371）
上田　1985年月28日

上田交通モハ5201＋クハ5251（元・5200系デハ5201＋デハ5202）　中塩田〜下之郷　1989年11月6日

（左）定山渓鉄道モハ2202（元・デハ3600形3610）とデハ1350形1366（右）　元住吉工場　1958年5月16日／撮影＝荻原二郎

カラー写真で見る譲渡車輌の風景　163

京福電気鉄道ホデハ304（元・デハ3250形3254）　福井口　1970年7月14日

庄内交通デハ101（元・デハ3250形3258）　北大山　1975年3月29日

名古屋鉄道ク2884（元・クハ3750形3754）　神宮前〜金山橋　1977年1月17日

弘南鉄道モハ3602（元・デハ3600形3602）　津軽尾上〜田舎館　1986年10月10日

上田交通クハ270形（元・キハ1形）
※相模鉄道クハ2500形を譲受
上田原　1973年12月1日

上田交通サハ62（元・サハ3350形）
下之郷　1973年10月20日

カラー写真で見る譲渡車輌の風景　165

十和田観光電鉄モハ3809＋モハ3811＋クハ3810（元・デハ3800形3801＋デハ3802＋クハ3850形3855）　長津田検車区
1981年11月15日

十和田観光電鉄モハ7701＋クハ7901
（元・7700系デハ7704＋クハ7904）
大曲〜三沢　2008年6月21日

弘南鉄道デハ7022＋デハ7012
（元・7000系デハ7026＋デハ7025）　尾上高校前〜津軽尾上
2016年7月3日

弘南鉄道デハ7032＋デハ7031（元・7000系デハ7032＋デハ7031）中央弘前　2008年6月23日

弘南鉄道デハ7033＋デハ7034（元・7000系デハ7033＋デハ7034）　津軽大沢　2016年7月3日

上田電鉄デハ7255＋クハ7555（元・7200系デハ7258＋クハ7558）　寺下　2016年7月26日

カラー写真で見る譲渡車輌の風景　　167

豊橋鉄道モ1802＋モ1812＋ク2802（元・7200系デハ7206＋デハ7207＋クハ7507）　杉山　2018年4月4日

富山地方鉄道モハ17483＋モハ17484（元・8590系デハ8593＋デハ8693）　寺田　2013年12月6日

秩父鉄道デハ7001＋サハ7101＋デハ7201（元・8500系デハ8509＋サハ8950＋デハ8609）　野上〜樋口　2009年4月19日

伊豆急行クハ8006＋モハ8106＋クモハ8256（元・8000系クハ8014＋デハ8113＋クハ8031）　片瀬白田〜伊豆稲取　2016年7月18日

長野電鉄デハ8506＋サハ8556＋デハ8516（元・8500系デハ8730＋サハ8944＋デハ8841）　朝陽〜付属中学前　2018年10月2日

KCJ社（インドネシア・ジャカルタ）
8607F（元・8500系8607F）　Karet〜Tanah Abang　2015年12月7日

カラー写真で見る譲渡車輌の風景　169

上田電鉄デハ1003＋クハ1103（元・1000系デハ1314＋クハ1014）　八木沢　2016年7月26日

一畑電車デハ1003＋クハ1103（元・1000系デハ1407＋デハ1457）　大寺～美談　2018年3月29日

養老鉄道モ7712＋モ7812＋ク7912（元・7700系デハ7712＋デハ7812＋クハ7912）　東赤坂　2019年7月12日

## カラー写真で見る
## 軌道線車輌・電動貨車・動力車・検測車の風景

デハ200形202　玉電山下　1955年7月9日／撮影＝荻原二郎

デハ80形84　大橋〜上通　1954年9月27日／撮影＝荻原二郎

デハ150形152＋151　宮の坂　1970年5月3日／撮影＝荻原二郎

カラー写真で見る軌道線車輌・電動貨車・動力車・検測車の風景　171

デハ300形308F　下高井戸～松原
2017年5月2日

デヤ7290形7290＋8000系8027F＋デヤ7200形7200　あざみ野　1992年11月3日

デワ3040形3043　長津田車両工場
1990年10月10日

デワ3040形3043　長津田車両工場
1995年8月4日

デヤ7550形7550＋サヤ7590形7590
＋デヤ7500形7500　石川台～雪が谷
大塚　2019年4月18日

デヤ7500形7500＋サヤ7590形7590
＋デヤ7550形7550　田園調布～奥沢
2019年4月18日

# あとがき

　東急は、新しい技術、省エネ、合理的な保守を取り入れた車輌を導入して、きめ細かに主電動機、台車などを交換したりして安全面、保守面に配慮してきました。軽量車、電力回生ブレーキ、オールステンレスカー、電気指令ブレーキ、T字形ワンハンドルマスコン、静止型インバータ、インバータ制御、ボルスタレス台車、低床車などを早い時期から採用し、省エネ、保守性

を考慮しながらいろいろ改善を進めていた点について、私の携わった時代を中心にその一端を紹介させていただきましたので、最近の車輌についての解説が少ないことをご容赦願いたいと存じます。

　最後に本書の執筆にご協力いただいた皆様に対し、この場をお借りして厚く御礼申し上げます。

## 主な参考文献

「東京横浜電鉄沿革史」（東京急行電鉄／1943年3月25日）

「東京急行三十年の歩み」（東京急行電鉄／1952年9月2日）

「五島慶太の追想」（東京急行電鉄／1960年8月14日）

「東京急行電鉄50年史」（東京急行電鉄／1973年4月18日）

「東急車輌30年のあゆみ」（東急車輌製造／1978年11月30日）

「東京急行　新玉川線建設史」（東京急行電鉄／1980年8月12日）

「ヤマケイ私鉄ハンドブック−2　東急」（廣田尚敬・吉川文夫著　山と渓谷社／1981年12月1日）

「東急の電車たち」（東京急行電鉄　電車とバスの博物館／1984年4月9日）

「私鉄の車両4　東京急行電鉄」（飯島巌・宮田道一・井上広和著　保育社／1985年5月25日）

「東急5000形の技術」（東京急行電鉄／1986年6月18日）

「玉電」−玉川電気鉄道と世田谷のあゆみ−（世田谷区立郷土資料館／1989年12月13日）

「東横車輌電設50年史」（東横車輌電設／1990年9月1日）

「東急電車形式集.1〜3」（レイルロード／1990年10月20日、1996年4月10日／1997年10月20日）

「営団地下鉄50年史」（帝都高速度交通営団／1991年7月4日）

「世田谷たまでん時代」（宮脇俊三、宮田道一編著　大正出版／1994年5月1日）

「東急電車物語」（宮田道一著　多摩川新聞社／1995年10月25日）

「RM LIBRARY 6 東急碑文谷工場ものがたり」（関田克孝、宮田道一著　ネコ・パブリッシング／2000年1月1日）

「RM LIBRARY 15 ありし日の玉電」（宮田道一・関田克孝著　ネコ・パブリッシング／2000年10月1日）

「回想の東京急行Ⅰ、Ⅱ」（荻原二郎・宮田道一・関田克孝著　大正出版／2001年5月15日、2002年8月5日）

「RM LIBRARY 34 伊豆急100形」（宮田道一・杉山裕治著　ネコ・パブリッシング／2002年5月1日）

「追想　横田二郎」（東京急行電鉄／2005年6月26日）

「RM LIBRARY 73 上田丸子電鉄（上）」（宮田道一・諸河久著　ネコ・パブリッシング／2005年9月1日）

「RM LIBRARY 74 上田丸子電鉄（下）」（宮田道一・諸河久著　ネコ・パブリッシング／2005年10月1日）

「RM LIBRARY 98 東京急行電鉄5000形」（宮田道一・守谷之男著　ネコ・パブリッシング／2007年10月1日

「東急おもしろ運転徹底探見」（宮田道一著　JTBパブリッシング／2009年10月1日）

「東急ステンレスカーのあゆみ」（荻原俊夫著　JTBパブリッシング／2010年11月1日）

「RM LIBRARY 173 京急400・500形（上）」（佐藤良介著　ネコ・パブリッシング／2014年1月1日）

「車両を造るという仕事」（里田啓著　交通新聞社／2014年4月15日）

「東急今昔物語」（宮田道一著　戎光祥出版／2016年4月20日）

「電気車の科学」（電気車研究会）

「電車」（交友社）

「車両技術」（日本鉄道車輌工業会）

「JREA」（日本鉄道技術協会）

「R&m」（日本鉄道車両機械技術協会）

「鉄道車両と技術」（レール アンド テック出版）

「鉄道ピクトリアル」（電気車研究会）

「鉄道ファン」（交友社）

「鉄道ジャーナル」（鉄道ジャーナル社）

「鉄道ダイヤ情報」（交通新聞社）

「とれいん」（エリエイ プレス・アイゼンバーン）

「レイル・マガジン」（ネコ・パブリッシング）

各社技報

東急広報資料


**協力**

東京急行電鉄株式会社／関田克孝／内田博行／佐藤公一／宮松慶夫

著者プロフィール

**荻原 俊夫**（おぎはら　としお）

1950(昭和25)年、東京都生まれ。1972(昭和47)年に東京急行電鉄株式会社に入社し、車両部、鉄道部、電気部で勤務。1973(昭和48)年から1995(平成7)年まで、8000系、8500系、8090系、9000系、1000系、2000系の新製に関与。2008(平成20)年から2011(平成23)年まで東急テクノシステムで8000系、8500系、8090系、1000系の譲渡車輌改造に関与。主な著書に『東急ステンレスカーのあゆみ』（JTBパブリッシング）がある。

○カバー表・上写真　左から7000系・7200系・8000系・8500系・8090系　長津田検車区　1982年2月14日
○カバー表・右下写真　デハ3450形3468　二子新地前～二子玉川園　1966年3月17日／撮影＝荻原二郎
○カバー表・中央下写真　5000系デハ5003　大岡山　1970年4月14日／撮影＝荻原二郎
○カバー表・左下写真　6020系6122F（「Q SEAT」車組み込み）緑が丘　2019年1月25日
○カバー裏写真　5000系5107F（6ドア車組み込み）藤が丘　2015年9月16日

かや鉄 BOOK03
# 東急電鉄 車輌と技術の系譜
2019年9月10日　第1刷発行

著　者　　荻原俊夫

写　真　　荻原二郎／宮松金次郎／東京急行電鉄株式会社
　　　　　特記以外は著者撮影

装　丁　　柿木貴光

編集発行人　飯嶋章浩

発行所　株式会社かや書房
　　　　〒 162-0805
　　　　東京都新宿区矢来町 113　神楽坂升本ビル 3 F
　　　　電　話　03(5225)3732（営業部／内容についてのお問い合わせ）
　　　　FAX　03(5225)3748

印刷所　　株式会社クリード

落丁・乱丁本はお取替えいたします。
ⓒ Toshio Ogihara , KAYASHOBO2019
Printed in JAPAN
ISBN978-4-906124-85-5 C0065